文章精选自《读者》杂志

数学本无性别

读者杂志社 ———— 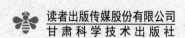编

读者出版传媒股份有限公司
甘肃科学技术出版社

图书在版编目（ＣＩＰ）数据

数学本无性别 / 读者杂志社编 . -- 兰州 ： 甘肃科
学技术出版社，2021.7（2024.1重印）
ISBN 978-7-5424-2837-0

Ⅰ．①数… Ⅱ．①读… Ⅲ．①数学－文集 Ⅳ．
① 01-53

中国版本图书馆 CIP 数据核字（2021）第 100076 号

数学本无性别

读者杂志社　编

项目策划	宁　恢
项目统筹	赵　鹏　侯润章　宋学娟　杨丽丽
项目执行	杨丽丽　史文娟
策划编辑	贾　真　周广挥　南衡山

项目团队	星图说
责任编辑	刘　钊
封面设计	吕宜昌
封面绘图	于沁玉

出　版　甘肃科学技术出版社
社　址　兰州市城关区曹家巷 1 号　　730030
电　话　0931-2131570（编辑部）　　0931-8773237（发行部）

发　行　甘肃科学技术出版社　　　印　刷　唐山楠萍印务有限公司
开　本　787 毫米 ×1092 毫米　1/16　印　张　13　插　页　2　字　数　200 千
版　次　2021 年 7 月第 1 版
印　次　2024 年 1 月第 2 次印刷
书　号　ISBN 978-7-5424-2837-0　　定　价：48.00 元

图书若有破损、缺页可随时与本社联系：0931-8773237

摘尽枇杷一树金

——写在"《读者》人文科普文库·悦读科学系列"出版之时

　　甘肃科学技术出版社新编了一套"《读者》人文科普文库·悦读科学系列",约我写一个序。说是有三个理由：其一,丛书所选文章皆出自历年《读者》杂志,而我是这份杂志的创刊人之一,也是杂志最早的编辑之一；其二,我曾在1978—1980年在甘肃科学技术出版社当过科普编辑；其三,我是学理科的,1968年毕业于兰州大学地质地理系自然地理专业。斟酌再三,勉强答应。何以勉强?理由也有三,其一,我已年近八秩,脑力大衰；其二,离开职场多年,不谙世事多多；其三,有年月没能认真地读过一本专业书籍了。但这个提议却让我打开回忆的闸门,许多陈年往事浮上心头。

　　记得我读的第一本课外书是法国人儒勒·凡尔纳的《海底两万里》,那是我在甘肃武威和平街小学上学时,在一个城里人亲戚家里借的。后来又读了《八十天环游地球》,一直想着一个问题,假如一座房子恰巧建在国际日期变更线上,那是一天当两天过,还是两天当一天过?再后来,上中学、大学,陆续读了英国人威尔斯的《隐身人》《时间机器》。最爱读俄罗斯裔美国人艾萨克·阿西莫夫的作品,这些引人入胜的故事,让我长时间着迷。还有阿西莫夫在科幻小说中提出的"机器人三定律",至今依然运用在机器人科技上,真让人钦佩不已。大学我学的是地理,老师讲到喜马拉雅山脉的形成,是印澳板块和亚欧板块冲击而成的隆起。板块学说缘于一个故事：1910年,年轻的德国气象学家魏格纳因牙疼到牙医那里看牙,在候诊时,偶然盯着墙上的世界地图看,突然发现地图上大西洋两岸的巴西东端的直角突出部与非洲西海岸凹入大陆的几内亚湾非常吻合。他顾不上牙痛,飞奔回家,用硬纸板复制大陆形状,试着拼合,发现非洲、印度、澳大利亚等大陆也可以在轮廓线上拼合。以后几年他又根据气象学、古生物学、地质学、古地极迁移等大量证据,于1912年提出了著名的大陆漂移说。这个学说的大致表达是中生代地球表面存在一个连在一起的泛大陆,经过2亿多年的漂移,形成了现在的陆地和海洋格局。魏格纳于1930年去世,又过了30年,板块构造学兴起,人们才最终承认了魏格纳的学说是正确的。

我上学的时代，苏联的科学学术思想有相当的影响。在大学的图书馆里，可以读到一本俄文版科普杂志《Знание-сила》，译成中文是《知识就是力量》。当时中国也有一本科普杂志《知识就是力量》。20世纪五六十年代，中国科学教育界的一个重要的口号正是"知识就是力量"。你可以在各种场合看到这幅标语张贴在墙壁上。

那时候，国家提出实现"四个现代化"的口号，为了共和国的强大，在十分困难的条件下，进行了"两弹一星"工程。1969年，大学刚毕业的我在甘肃瓜州一个农场劳动锻炼，深秋的一个下午，大家坐在戈壁滩上例行学习，突然感到大地在震动，西南方向地底下传来轰隆隆的声音，沉闷地轰响了几十秒钟，大家猜测是地震，但那种长时间的震感在以往从来没有体验过。过了几天，报纸上公布了，中国于1969年9月23日在西部成功进行了第一次地下核试验。后来慢慢知道，那次核试验的地点距离我们农场少说也有1000多千米。可见威力之大。"两弹一星"工程极大地提高了中国在世界上的地位，成为国家民族的骄傲。科技在国家现代化强国中的地位可见一斑。

到了20世纪80年代，随着改革开放时期来到，人们迎来"科学的春天"，另一句口号被响亮地提出来，那就是"科学技术是第一生产力"，是1988年邓小平同志提出来的。1994年夏天，甘肃科学技术出版社《飞碟探索》杂志接待一位海外同胞，那位美籍华人说他有一封电子邮件要到邮局去读一下。我们从来没有听说过什么电子的邮件，一同去邮局见识见识。只见他在邮局的电脑前捣鼓捣鼓，就在屏幕上打开了他自己的信箱，直接在屏幕上阅读了自己的信件，觉得十分神奇。那一年中国的互联网从教育与科学计算机网的少量接入，转而由中国政府批准加入国际互联网。这是一个值得记住的年份，从此，中国进入了互联网时代，与国际接轨变成了实际行动。1995年开始中国老百姓可以使用网络。个人计算机开始流行，花几千块钱攒一个计算机成为一种时髦。通过计算机打游戏、网聊、在歌厅点歌已是平常。1996年，《读者》杂志引入了电子排版系统，告别了印刷的铅与火时代。2010年，从《读者》杂志社退出多年后，我应约接待外地友人，去青海的路上，看到司机在熟练地使用手机联系一些事，好奇地看了看那部苹果手机，发现居然有那么多功能。其中最让我动心的是阅读文字的便捷，还有收发短信的快速。回家后我买了第一部智能手机。然后做出了一个对我们从事的出版业最悲观的判断：若干年以后，人们恐怕不再看报纸杂志甚至图书了。那时候人们的视线已然逐渐离开纸张这种平面媒体，把眼光集中到手机屏幕上！这个转变非同小可，从此以后报刊杂志这些纸质的平面媒体将从朝阳骤变为夕阳。而这一切，却缘于智能手机。激动之余，写了一篇"注重出版社数字出版和数字传媒建设"的参事意见上报，后来不知下文。后来才知道世界上第一部智能手机是1994年发明的，十几年后才在中国普及。2012年3月的一件大事是中国腾讯的微信用户突破 1 亿，从此以后的 10 年，人们已经是机不离身、眼不离屏，手机成为现代人的一个"器官"。想想，你可以在手机上做多少件事情？那是以往必须跑腿流汗才可以完成的。这便是科学技术的力量。

改革开放 40 多年来，中国的国力提升可以用翻天覆地来表述。我们每一个人都可以切身感受到这些年科学技术给予自己的实惠和福祉。百年前科学幻想小说里描述的那些梦想，已然一一实现。仰赖于蒸汽机的发明，人类进入工业革命时代；仰赖于电气的发明，人类迈入现代化社会；仰赖于互联网的发明，人类社会成了小小地球村。古代人形容最智慧的人是"秀才不出门，能知天下事"，现在人人皆可以轻松做到"秀才不出门，能做天下事"。在科技史中，哪些是影响人类的最重大的发明创造？中国古代有造纸、印刷术、火药、指南针四大发明。也有人总结了人类历史上十大发明，分别是交流电（特斯拉）、电灯（爱迪生）、计算机（冯·诺伊曼）、蒸汽机（瓦特）、青霉素（弗莱明）、互联网（始于 1969 年美国阿帕网）、火药（中国古代）、指南针（中国古代）、避孕技术、飞机（莱特兄弟）。这些发明中的绝大部分发生在近现代，也就是 19、20 世纪。有人将世界文明史中的人类科技发展做了如是评论：如果将 5000 年时间轴设定为 24 小时，近现代百年在坐标上仅占几秒钟，但这几秒钟的科技进步的意义远远超过了代表 5000 年的 23 时 59 分 50 多秒。

科学发明根植于基础科学，基础科学的大厦由几千年来最聪明的学者、科学家一砖一瓦地建成。此刻，忽然想到了意大利文艺复兴三杰之一的拉斐尔（1483—1520）为梵蒂冈绘制的杰作《雅典学院》。在那幅恢宏的画作中，拉斐尔描绘了 50 多位名人。画面中央，伟大的古典哲学家柏拉图和他的弟子亚里士多德气宇轩昂地步入大厅，左手抱着厚厚的巨著，右手指天划地，探讨着什么。环绕四周，50 多个有名有姓的人物中，除了少量的国王、将军、主教这些当权者外，大部分是以苏格拉底、托勒密、阿基米德、毕达哥拉斯等为代表的科学家。

所以，仰望星空，对真理的探求是人类历史上最伟大的事业。有一个故事说，1933 年纳粹希特勒上台，他做的第一件事是疯狂迫害犹太人。于是身处德国的犹太裔科学家纷纷外逃跑到国外，其中爱因斯坦隐居在美国普林斯顿。当地有一所著名的研究机构——普林斯顿高等研究院。一天，院长弗莱克斯纳亲自登门拜访爱因斯坦，盛邀爱因斯坦加入研究院。爱因斯坦说我有两个条件：一是带助手；二是年薪 3000 美元。院长说，第一条同意，第二条不同意。爱因斯坦说，那就少点儿也可以。院长说，我说的"不同意"是您要的太少了。我们给您开的年薪是 16000 美元。如果给您 3000 美元，那么全世界都会认为我们在虐待爱因斯坦！院长说了，那里研究人员的日常工作就是每天喝着咖啡，聊聊天。因为普林斯顿高等研究院的院训是"真理和美"。在弗莱克斯纳的理念中,有些看似无用之学,实际上对人类思想和人类精神的意义远远超出人们的想象。他举例说,如果没有 100 年前爱因斯坦的同乡高斯发明的看似无用的非欧几何,就不会有今天的相对论;没有 1865 年麦克斯韦电磁学的理论,就不会有马可尼因发明了无线电而获得 1909 年诺贝尔物理学奖;同理,如果没有冯·诺伊曼在普林斯顿高等研究院里一边喝咖啡,一边与工程师聊天,着手设计出了电子数字计算机,将图灵的数学逻辑计算机概念实用化,就不会有人人拥有手机,须臾不离芯片的今天。

对科学家的尊重是考验社会文明的试金石。现在的青少年可能不知道,近在半个世纪前,我们所在的大地上曾经发生过反对科学的事情。那时候,学者专家被冠以"反动思想权威"予以打倒,"知识无用论"甚嚣尘上。好在改革开放以来快速而坚定地得到了拨乱反正。高考恢复,人们走出国门寻求先进的知识和技术。以至于在短短 40 多年,国门开放,经济腾飞,中国真正地立于世界之林,成为大国、强国。

虽说如此,人类依然对这个世界充满无知,发生在 2019 年的新冠疫情,就是一个证明。人类有坚船利炮、火星探险,却被一个肉眼都不能分辨的病毒搞得乱了阵脚。这次对新冠病毒的抗击,最终还得仰仗疫苗。而疫苗的研制生产无不依赖于科研和国力。诸如此类,足以证明人类对未知世界的探索才刚刚开始。所以,对知识的渴求,对科学的求索,是我们永远的实践和永恒的目标。

在新时代,科技创新已是最响亮的号角。既然我们每个人都身历其中,就没有理由不为之而奋斗。这也是甘肃科学技术出版社编辑这套图书的初衷。

写到此处,正值酷夏,读到宋代戴复古的一首小诗《初夏游张园》:

乳鸭池塘水浅深,

熟梅天气半晴阴。

东园载酒西园醉,

摘尽枇杷一树金。

我被最后一句深深吸引。虽说摘尽了一树枇杷,那明亮的金色是在证明,所有的辉煌不都源自那棵大树吗?科学正是如此。

胡亚权

2021 年 7 月末写于听雨轩

目　录

多走一步

曲家瑞

　　有一次，我去师大夜市吃夜宵，等餐的时候和同桌的一个男生聊了起来，他告诉我，他是另一所大学的毕业生。

　　"你不是师大的学生，怎么会跑到这里来呢？"

　　"我来这里游泳。"男生说。

　　"你已经毕业了，以后打算做什么呢？"我找话题随便聊聊。

　　"我要去苏格兰念数学博士。"他的脸上露出自信的笑容。

　　"怎么会想到去苏格兰念博士？"我好奇地问。

　　"我拿到了全额奖学金。"男生回答。

　　"哇，真厉害！"

　　"我其实连哈佛和耶鲁都申请到了，但是因为只有苏格兰的学校给了我全额奖学金，所以我选择去苏格兰。"

"你是做什么研究的？"

"数学运算。"

"可你能拿到奖学金，肯定很厉害啊！"

"全世界懂数学运算的人太多了，你知道他们为什么要发奖学金给我吗？"男生笑了笑，告诉我一个诀窍，"因为我事先做了功课。申请学校的时候，我查了资料，得知下一届奥运会在伦敦举办，还查到奥运村就在我想申请的那所学校，所以我做了一个提案，内容是帮助他们的国家游泳代表队做数学运算，推测在不同条件下游泳选手的表现数据。"

"这样做真的有帮助吗？"

"有啊，例如我可以帮他们计算游泳选手穿什么材质的泳衣在水中的阻力最小，可以计算出不同的选手每分每秒的差距是多少，还包括不同的选手穿不同材质的泳衣会有什么样的差别。我推算出极为精准的数字，这些可能成为决定选手获胜的关键。"他告诉我，因为他热爱数学，也喜欢游泳，所以才会想出这个提案。

这个提案打动了苏格兰的学校，这所学校不但通过了他的博士申请，还愿意提供全额奖学金。

"即使是申请学校，也要多用点脑子，如果只是写贵校有多好，自己很想成为其中的一员，很难在那么多申请人中脱颖而出。我觉得应该反过来想一想：学校为什么要收你？你能为学校贡献什么？我攻读的数学运算是十分精细的学科，就算今年无法帮他们的选手夺得冠军，下一届奥运会也有机会，所以这对他们来说很重要。"

很多时候，我们都以为成功的人是因为特别幸运，或是因为占有较多的资源，才可以取得傲人的成绩。实际上，要想在众多精英中脱颖而出，

连培伟｜图

必须比别人多想一步，而多想的这一步往往是一个人最后能够胜出并成
就目标的关键。

公平的分配

[英]帕德玛·T.V

庞启帆　编译

　　一个炎热的下午，两个农民在一棵大树下乘凉。其中一个叫拉姆，另一个叫希亚。两个人都带了美味的面包当午饭。拉姆带了3个面包，希亚带了5个。正当他们准备吃午饭的时候，一个商人路过此地。

　　"下午好，两位先生。"商人问候拉姆和希亚。

　　商人看起来又累又饿，所以拉姆和希亚邀请他和他们一起吃午饭。

　　"但是，我们有3个人，怎么分这8个面包呢？"拉姆为难了。

　　"我们把面包放在一起，再把每个面包切成均等的3块。"希亚建议道。

　　把面包切开后，他们把面包平均分成3份，每个人不多也不少。

　　吃完面包后，商人坚持要给他们钱。拉姆和希亚推辞不掉，只好收下。

待商人离开后，两人一数金币的数量：8个。

"8个金币，两个人，我们就每人4个金币。"拉姆说道。

"这不公平。"希亚大声反驳，"我有5个面包，你只有3个，所以我应该拿5个金币，你只能拿3个。"

拉姆不想争吵，但他也不想给希亚5个金币。

"我们去找村长做裁决。他是个公正的人。"拉姆说。

他们来到村长毛尔维的家，把整个事情的经过告诉了他。毛尔维想了很久，最后说："分配这笔钱的公平办法就是希亚拿7个金币，拉姆拿1个。"

"什么？"拉姆惊叫道。

"为什么我该得7个？"希亚也觉得很奇怪。

当毛尔维把他的分配理由解释清楚后，拉姆和希亚都没有对这个分配再提出异议。

这真的是一个公平的裁决吗？

要知道毛尔维的裁决是否公平，就先回答这些问题：

一、8个面包被切成了多少块？

二、每个人吃了多少块面包？

三、拉姆的面包被分成了多少块？

四、拉姆吃了8块面包，还剩几块留给商人？

五、希亚的面包被分成了多少块？

六、希亚吃了8块面包，还剩几块留给商人？

毛尔维决定只给拉姆1个金币，而给希亚7个，是因为商人吃的8块面包中只有1块是从拉姆的面包中来的，而其余7块都是希亚的。不妨来看问题的答案：

一、8×3=24

二、24÷3=8

三、3×3=9

四、9-8=1

五、5×3=15

六、15-8=7

这时你也许会问，因为面包是堆在一起的，如果商人吃的 8 块面包中 4 块是拉姆的，4 块是希亚的，或者还有其他的情形，那又该怎样呢？如果你把所有的可能都考虑到了，然后再计算，你会发现结果仍然是相同的。那是因为无论情形怎样，每个人都吃了 8 块面包，拉姆吃的 8 块面包里肯定有几块是希亚的。这样，拉姆每吃一块不属于他的面包，他就欠希亚一个金币。在他付清欠希亚的账之后，他剩下的就只有一个金币了。

人的一生能交多少朋友

础　德

友谊是人生最宝贵的财富之一。许多人都认为，人的一生交的朋友越多越好。但是最近的科学研究表明：人类的好友圈子不是想有多大就能有多大，因为人的交友能力是有极限的。

著名的邓巴定律

罗宾·邓巴是牛津大学研究认知与进化的人类学家。1992 年，他根据自己对灵长类动物的研究结果，提出了著名的"社会脑假说"。

假说认为，与其他动物相比，灵长类动物似乎选择了一条特立独行的演化策略：待在一个相对稳定的种群中彼此协助。在这种共同生活的过程中，灵长类个体需要与种群内的其他个体建立起某种长期的"社交关系"。而负责处理复杂与抽象思维的大脑新皮质在整个大脑中所占的比例越大，个体能处理的"稳定人际关系"就越多，于是平均种群就越庞大。邓巴一共收集了38种灵长类的数据，狒狒的种群平均数量不过50上下，这意味着狒狒的大脑新皮质只足以让它维持50个互动频繁的"猴脉"。

人类的种群大小是多少呢？邓巴估算的结果是148，这就是著名的"邓巴数"。1万多年前的新石器时代，一个部落的平均人数约为150。1086年，征服者威廉一世统计出的英格兰村落平均居民数约为150。邓巴先前的研究显示：人的大脑新皮质大小有限，提供的认知能力只能使一个人维持与大约150人有稳定人际关系。也就是说，人的好友圈子不会超过150人，对于超过这个数量的人，人们顶多能记住一些人的相貌和名字，但对对方的了解却极为有限，也无法通过自身的努力来促进双方的关系。

通过社交网站能扩大社交范围吗

2008年，Facebook统计了用户平均的朋友数——你猜是多少？ 130上下，依然十分接近邓巴数。可见，虽然科技日新月异，我们的大脑新皮质倒没有随之飞跃发展。

美国Facebook内部社会学家卡梅伦·马龙通过统计并研究发现：Facebook社区用户的平均好友人数是130人。研究表明：人们可能拥有1500名社交网站"好友"，但只能在现实生活中维持约150人的"内部圈子"。

在个人好友名单中，人们经常联系的好友却非常少而且相对稳定。

好友之间联系得越活跃、越紧密，这个群体的人数就越少、关系越稳定。

人类"重色轻友"的原因

邓巴发现，不管是在古代还是现代，150 人始终是最常见的群体规模。不管是"好友"上千的社交网站用户，还是只有零星"好友"的人，他们在实际生活中的密友数量并无明显差别。研究显示：男性平均有 4~5 名密友，女性则平均有 5~6 名密友。邓巴给"密友"的定义是每周至少碰面一次，需要帮助时可以提供建议和情感上的支持。

调查结果显示：如果你有了另一半，那么一个好朋友就会被迫离开你的挚友圈子。

邓巴教授认为，少了一个挚友是因为恋爱占去了很多时间。他说："我想可能是有了另一半的人，注意力都集中在恋人身上，没有机会与原先的挚友联系，因此有些人就脱离了挚友圈。"

英国《独立报》曾援引邓巴在英国科学节上的发言报道："当一个人展开一段恋情时，其核心朋友圈会从平均 5 人减至 4 人（其中包括恋人）。当脑中铭记着那个新进入你生活的人（恋人）时，意味着你必须放弃两名密友。我们刚发现这一点，这有点让人吃惊。"

到底亏了几美元

恒　明

　　沈南鹏（风险投资家，红杉中国创始合伙人）是个数学天才，获得过全国中学生数学竞赛一等奖，1989年考入美国哥伦比亚大学数学系。1990年，他从哥伦比亚大学退学，到耶鲁大学管理学院攻读MBA。

　　他的目标是到华尔街的公司工作，不过，手拿着耶鲁大学MBA的文凭也不管用。一次次向华尔街投行投递简历，一次次面试，一次次被拒绝。沈南鹏的这段经历并不好受。很多年后，沈南鹏对媒体说："我在毕业后找工作时很不顺利，被很多投行拒绝，但是谁都不会写这段，别人只看到我今天的一点成功。"

　　最后沈南鹏获得了花旗银行的一次面试机会。投行的工作需要数据分析和判断，总会有一些投行在面试时注意到应聘者的数学能力，而这就是沈南鹏等待的机会。

面试题是这样的：

一个美国人在菜市场上做生意。第一次，用 8 美元买了一只鸡，9 美元卖掉了；第二次，用 10 美元买了同样的一只鸡，11 美元又卖掉了。

那么，这个美国人到底是亏了，还是赚了？如果亏了，应该是亏了多少？如果赚了，又赚了多少？

那天早上，一共有 3 个人接受面试。第一位是美国人，名字记不得了；第二位是日本人，名字忘记了；第三位是中国人，名字叫做沈南鹏。

美国人认为是赚了 2 美元，日本人认为是亏了 2 美元，沈南鹏认为是亏了 4 美元。

美国人的理由如下：

同样的一只鸡，第一次买一只，第二次买一只。

第一轮交易：8 买 9 卖，9-8=1，赚了 1 美元。

第二轮交易：10 买 11 卖，11-10=1，赚了 1 美元。

两次交易相加：1+1=2，所以赚了 2 美元。

日本人的理由如下：

同样的一只鸡，一口气买两只。

第一次交易：8 买 9 卖，9-8=1，赚了 1 美元。

第二次交易应该是：8 买 11 卖，11-8=3，赚了 3 美元。

两次交易相加：1+3=4，本来要赚 4 美元，但是，他只赚了 2 美元：（9-8）+（11-10）=2。

所以，2-4=-2，亏了 2 美元。

中国人（沈南鹏）的理由如下：

同样的一只鸡，一口气买两只。

一次性交易：8 买 11 卖，（11-8）×2=6，可以赚到 6 美元。

但是，他只赚了 2 美元：（9-8）+（11-10）=2。

所以，2-6=-4，亏了 4 美元。

算出赚了 2 美元，说明他是 100% 的保守派，走一步，算一步。

算出亏了 2 美元，说明他保守一次，冒险一次。

算出亏了 4 美元，说明他对自己非常自信，决定全力以赴，愿赌服输。

"风投"要求的回报率非常高，不然就不叫"风投"了。通常的情况下，风投公司投资 10 家公司，只要 1 家公司能赚钱，整体上就不亏了。

所以，投行项目经理的任务是：必须将现金利用到极限。这也是沈南鹏胜出的原因。

动物中的数学"天才"

何 京

许多动物的头脑并非如人们想象的那样愚钝，它们不仅聪明，懂得计算、计量或数数，有的甚至是数学"天才"。

在动物的生活习性中也蕴含着相当程度的数学原理。比如，蛇在爬行时，走的是一个正弦函数图形。它的脊椎像火车一样，是一节一节连接起来的，节与节之间有较大的活动余地。如果把每一节的平面坐标固定下来，并以开始点为坐标原点，就会发现蛇是按着30度、60度和90度的正弦函数曲线有规律地运动的。

小小蚂蚁的计数本领也不逊色。英国昆虫学家光斯顿做过一项有趣的实验：他将一只死蚱蜢切成小、中、大三块，中块比小块大1倍，大块又比中块大1倍，把它们放在蚂蚁窝边。蚂蚁发现这些蚱蜢块后，立即调兵遣将，欲把蚱蜢运回窝里。约10分钟工夫，有20只蚂蚁聚集在小块蚱蜢周围，有51只蚂蚁聚集在中块蚱蜢周围，有89只蚂蚁聚集在大块蚱蜢周围。蚂蚁数额、力量的分配与蚱蜢块大小的比例相一致，其数量之精确，令人赞叹。

科学家发现鸬鹚会数数。中国有些地方靠鸬鹚捕鱼，主人用一根细绳拴住鸬鹚的喉颈。当鸬鹚捉回6条鱼以后，允许它们吃第7条鱼，这是主人与鸬鹚之间长期形成的约定。科学家注意到，若渔民偶尔数错了，没有解开鸬鹚脖子上的绳子时，鸬鹚则会动也不动，即使渔民打它们，它们也不出去捕鱼，它们知道这第7条鱼应该是自己的所得。

蜘蛛结的"八卦"形网络是既复杂又美丽的八角形几何图案，人们即使用直尺和圆规等制图工具也很难画出像蜘蛛网那样匀称的图案来。

美国动物心理学家亨赛尔博士在做实验时先给动物以错误的信息，然后观察它们做出的反应。他曾一个月连续给100只加勒比海野猴每天一次分发2根香蕉，此后突然减少到分发1根香蕉。此时，

刘 宏 图

96% 的野猴对这根香蕉多看了一两遍，还有少数猴子甚至尖叫起来表示抗议。

美国动物行为研究者也做过类似的实验：先让饲养的 8 只黑猩猩每次各吃 10 根香蕉，如此连续多次。某一天，研究人员突然只给每只猩猩 8 根香蕉，结果所有的黑猩猩都不肯走开，一直到主人补足 10 根后才满意地离去。由此可见，野猴和黑猩猩是有数学脑瓜的。

这里再介绍一下蜜蜂的数学"天赋"。前不久，两位德国昆虫学家通过实验发现，蜜蜂不仅会计数，而且还能根据地面标志物及其顺序判断位置和方向。这两位科学家训练蜜蜂到距离蜂巢 250 米的一个盛有糖浆的饲料槽中寻觅糖浆。实验在一块很大的平整草地上进行，那里没有定向标记。实验人员在蜂巢到盛糖浆的饲料槽的线路上放置了 4 个高大的帐篷，相邻帐篷间距为 75 米，并在第 3 个与第 4 个帐篷之间再放置一个盛有糖浆饲料的料槽。结果发现：大多数蜜蜂仍然飞向远离蜂巢的第 4 个帐篷旁的那个饲料槽。此后，这两位科学家又改变帐篷和饲料槽的数量与间距，从而发现：帐篷的数量在蜜蜂寻觅糖浆时起主导作用，它们显然是把帐篷作为定向标记的。可见，蜜蜂在自然界采集花蜜时，会记住蜂巢周围的树木、灌木丛、花坛及其他天然固定标志物的数量及大小高低等。

长期以来，包括科学家在内的所有人一直认为，只有人类才具有数字概念和进行计算的能力，而通过实验和观察才了解到，动物的智慧同样是不可小视的。

用数学解决"幽灵堵车"

万　捷

每个月，你有多少小时浪费在堵车中？答案是：难以计算。最让人沮丧的是那些表面上看似没有任何起因的堵塞：没有事故，没有停顿车辆，也没有封闭施工的车道，道路却会莫名其妙地突然出现堵塞，很长一段时间过后，车流又会毫无征兆地顺畅起来。

这种莫名其妙的堵塞现象被交通专家称为"幽灵堵车"。在拥挤的公路上，很可能仅仅由于某个司机急刹车、突然变道或者超车，造成短暂的停顿，就会在这辆车的后方引发一连串的停顿——这条道路像撞上幽灵一样发生了堵车。哪怕第一辆车停下来后只需要2秒钟就能启动，可到最后一辆汽车启动时，所需的时间可能就要几十分钟了。

研究显示：处于繁忙的高速公路上的车辆，一名新手司机的急刹车可能引发一场"交通海啸"，受影响的路段长达 80 公里。

其实，道路并没有真正被"堵"，只是产生了汽车行驶的时间差。

越是往后，积累的时间差越大。由于第一辆车的刹车，后面所有的司机也必须刹车，一辆辆车传递下去，带来连锁反应，于是出现走走停停的"波动效应"，从而导致大面积的公路交通整体减速。

此外，人们的反应千差万别，也是"幽灵堵车"不断扩展的原因。

如果所有人都能作出正确的反应，那么几秒钟的停顿就很容易化解。

但事实正好相反，越是堵车的时候，便越是有人想钻空子，希望能插队前行，这只能让已经堵塞的路况更为恶化。

麻省理工学院的数学家试图通过数学模型分析，找到解决"幽灵堵车"的方法。他们发现，这种现象类似于爆炸后所产生的爆震波，这种爆震波是一个可以自我持续的波形，不断向外扩展。而且在这种波形中还存在一个临界点，就像黑洞的"事件视界"一样。当发生"幽灵堵车"时，位于临界点内外的司机都无法得知对方区域的情况，相应地，他们也无法判断交通状况何时才能得到改善。

在掌握这些情况后，麻省理工学院的数学家团队试图利用流体力学方程来计算造成交通拥堵的变量，从而控制堵车蔓延的趋势。

同时，数学模型也表明：如果驾驶员降低车速并以固定的速度行驶而不是急停急驶，不但可以节省燃料，更有望消除"幽灵堵车"现象。例如在高速公路上，以 80 公里／小时的速度匀速行驶，比以 110 公里／小时的速度走走停停要好得多。在车辆众多的一般道路上亦是如此。

二次元与三次元

文俊威

当有人告诉你，他来自二次元，你是否会一头雾水呢？

二次元即二维空间，平面世界，二次元的任何一个点均可由两个坐标轴（如 x 轴、y 轴）进行定位。由于早期的动画（Anime）、漫画（Comic）、游戏（Game）（以上三项统称为 ACG）作品都是以二维图像构成的，所以 ACG 的世界被称为"二次元世界"，也可简称为二次元。

而三次元本义是三维空间，是一个以三个坐标轴（如 x 轴、y 轴、z 轴）进行定位的空间。在 ACG 文化中，三次元一词用来指"我们存在的这个世界"，即现实世界与现实中的人和物。

二次元的世界往往是令很多年轻人向往的，那里有帅哥，有美女，有梦想，有挑战，有友情，有爱情，所以一些热爱 ACG 作品和文化的人喜欢称自己为"二次元人",他们和有同样爱好的朋友(尤其是网络上没见过面的朋友)组成与世隔绝的二次元圈子,自得其乐。

如果沉迷于二次元世界,就容易对我们的现实世界即"三次元"世界产生失望。现实世界是残酷的,没有二次元里已经设计好了的剧情,也没有让你一路顺风的装备,必须通过自己的努力。从二次元走出来,才能创造自己的人生。

除了二次元和三次元,还有"2.5次元"。2.5次元有两个含义:一是"利用三次元模仿二次元",如动漫模型、手办、动漫角色扮演等;二是"利用二次元表现三次元",如利用3D建模制作的3D动画、游戏等。

数学和音乐一样美

［日］永野裕之

刘格安　译

除了教授数学，我还是一名专业的指挥家。经常有人问我："要兼顾数学补习班和指挥家的事业，应该很不容易吧？"

其实，我从来不觉得这是全然不同的两件事，因为指挥家阅读乐队总谱（将乐团各声部的音集中记录的乐谱）的过程，和解读数学的逻辑非常相似。

我为了学习指挥而去欧洲留学时，经常听人说："不错，他的逻辑思维很强。"

在日本，我总觉得人们倾向于吹捧那些很有天分或才气的人，却对那些强调理论的人敬而远之。而在欧洲，有逻辑思维会使一个人得到尊敬和赞赏。

有时，人们会问我："指挥家是怎么练习指挥的呢？"

真正的练习其实有90%以上的时间都是在阅读总谱，最主要的就是和声的进行。当然，一开始一定会先确认哪些段落会使用到哪些乐器，但最花心思的还是和声的阅读，因为和声的进行将会决定音乐呈现出来的感觉。

假如你听到一首曲子中的某一段，觉得特别感动，我敢说其中一定有装饰奏的存在。越是有名的曲子，组织出装饰奏的和声就进行得越高明，只要分析乐谱就可知道。这些经过极度精密计算的逻辑，是建立在薪火相传的传统和天才作曲家的创新之上的。我们内心的感动绝非偶然，其中确实存在打动人心的力量。

在这一方面，音乐和数学有异曲同工之妙。数学是自然界的语言，每一个数学式当中，肯定都包含着某些信息。无法用一颗感性的心倾听其中信息的数学家或物理学家，绝对不可能成为一流的研究者。

我认为数学和音乐存在两个共同点：一是两者皆为美丽的逻辑，二是接触这两种学问的人都必须具备丰沛的情感。著名的数学家当中，有很多热爱音乐的人。

广中平佑是日本颇具代表性的数学家之一，他在高中的时候曾经梦想成为一名音乐家。当时朋友们都认为，擅长钢琴又能够作曲的他应该会报考音乐专业，没想到他却在高中二年级时突然发现数学的魅力，开始全心投入数学的世界，最后走上数学而非音乐之路。

广中先生曾说："数学和音乐一样美。"除此之外，爱因斯坦热爱音乐一事同样广为人知。他曾经在接受采访时被问到这么一个问题："对你来说，死亡是什么？"当时他的回答是："死亡就是再也无法聆听莫扎特。"

　　在我身边，也有很多学理科的朋友喜欢音乐。更值得一提的是，很多医生都很擅长弹奏乐器。现在甚至还有一支由医生（或未来的医生）组成的业余管弦乐团（日本医家管弦乐团）。

　　相反，喜欢数学的音乐家似乎并不多见，这是因为职业音乐家通常从小开始学习音乐，训练占去多数时间，他们很少有机会接触数学。事实上，在我周围的职业音乐家中，也有不少人在言谈举止之间不经意流露出数学家的特质。他们总是能够在浪漫的感性与严谨的理性间达成绝佳的平衡，让我们听见最动人的演奏。其中就有两位音乐家，分别在医学和数学领域登峰造极。

　　一位是指挥家朱塞佩·西诺波利。他是多任英国爱乐管弦乐团首席指挥、德累斯顿国立管弦乐团音乐总监的名指挥家，在日本也有众多乐迷。学生时期的他不仅在马切鲁诺音乐学院专攻作曲，还获得了帕多瓦大学精神医学的博士学位。

　　另外，同样作为指挥家的埃内斯特·安塞梅，不但曾带领瑞士罗曼德管弦乐团等团队留下许多著名的录音作品，而且曾在索邦大学数学系求学，后来还成为洛桑大学数学系的教授。

数学题中的人道精神

吴若权

朋友的孩子就读私立小学五年级，这是个人人羡慕的贵族学校。

但是最近为了协助孩子处理一道数学题，他气愤地跑去学校和老师理论。题目的大意是：发生山难，登山者 A 获救，碰到 B 和 C。B 拿出 4 块面包，C 拿出 5 块，肚子饿了，三个人需平分这些面包。A 从身上掏出 600 元钱，B 和 C 应该向 A 要多少钱？

数学题的正解是：B 应得 200 元，C 应得 400 元。因为 B 自己吃了 3 块，只拿出 1 块给 A，而 C 自己也吃了 3 块，拿出 2 块给 A。B 和 C 拿出的比例是 1：2，所以 600 元应该按照 1：2 的比例，分配给 B200 元、C400 元。

从数学的角度看，命题逻辑严密，解答正确。但我的朋友看完题目

Getty images ┊ 图

　　的解答之后，非常伤心。"怎么会这样呢？竟然教小孩子向发生山难的人收面包钱？"他难过地说。"哪一家的面包这么贵啊？"他的太太也抱怨。

　　他和校方约好时间，针对这个题目给出自己接近人道精神的答案：

　　"应该不用收钱。"校方非常客气地接待了他，并说明参考资料不是学校老师所编，以后会请老师多注意等等。他心里明白，这不过是形式上的交代，但他并不灰心："学校教育只是一部分，幸好我们还有家庭教育可以补救。"

　　我很佩服这样的教育态度。他没有推诿为人父母该有的责任，当他发现学校偏重知识教育、忽略品德教育的时候，他警觉地提醒自己，还是要靠家庭教育来打基础，不能全部依赖学校。毕竟，人生的成就，不是单靠知识就能打造的。知识，只是其中的一环而已。

大数据"谋杀"了惊喜

秦 筱

在第 86 届奥斯卡颁奖典礼上，莱昂纳多·迪卡普里奥又一次落选影帝的那一刻，你有没有为直播镜头中眼含泪光的他感到心疼？这已经是他第四次获得提名而希望落空了。

但你本没必要怀揣期待——莱昂纳多本人也是，因为微软纽约研究院的经济学家大卫·罗斯柴尔德此前就宣布，最佳男主角花落《达拉斯买家俱乐部》的主演马修·麦康纳的概率高达 90.9%。

这个数字是在收集了赌博市场、好莱坞证券交易所、用户自动生成信息等大量公开数据后建立的预测模型所分析出来的结果。事实证明，大数据赢了：在本届奥斯卡共 24 个奖项中，大卫预测准了 21 个，包括竞争最激烈的"最佳原创剧本奖"。

　　事实上，大卫去年就"猜"到了第 85 届奥斯卡的 19 个奖项；2012 年，他用一个数据驱动模型正确预测了美国 51 个行政区中 50 个的总统大选结果；其他"业务"还包括预测一年一度的"超级碗"（美国国家橄榄球联盟年度冠军赛）赛事结果……以至于每当此类事件发生，人们都会去他的官方网站 PredictWise 上看看"先知"怎么说。

　　大数据时代，惊喜已死。

数学家的辩护状

张达明

德米特里·克里欧科夫是美国加州大学圣迭戈分校的数学高级研究员，不久前的一天上午，他驾车行驶到一个路口时，恰逢红灯亮起。

正当他准备刹车时，不料鼻子突然发痒，接着便响亮地打了个喷嚏。

他紧急刹车，车险些越过停车线。就在他为没有闯红灯而庆幸时，距他30米开外的一名执勤交警还是飞快地跑到他跟前，不由分说就开了一张400美元的罚款单。

在加州大学圣迭戈分校，克里欧科夫可是以爱较真出了名的，对于从天而降的400美元罚款，他无论如何不能接受。于是亮出自己的杀手锏，连夜洋洋洒洒撰写了长达4页的辩护状，几天后气宇轩昂地走上法庭进行申诉，以证明自己的"清白"，要求法官无条件撤销对他的"错误罚款"。

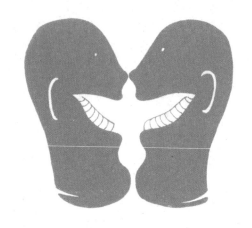

　　法庭上，克里欧科夫"义正词严"地指出："给我开罚单的那名交警，是在停车标志30米之外看走了眼而错判我闯了红灯。而事实是，我根本就没有闯红灯。我认为，是3个巧合让那个警察误认为我闯了红灯。1.观察者目测的不是汽车沿道路行驶的直线速度，而是汽车行驶时相对警察所在那一点的角速度。这就像我们站在路边观察匀速前进的汽车一样，当车离你很远时，它看上去速度很慢；当它离你很近时，人们却误以为它开得飞快。2.汽车减速，随后又加速。3.短时间内，观察者的视线被外部对象阻碍。例如两辆汽车同时靠近停车线，其中一辆挡住了观察者的视线。而正是上述3个条件，才使那个交警因角度问题目测到的是角速度而非线速度，也就是说，站在垂直于汽车前行轨迹上一定距离的那个交警，才因此产生了'汽车并未停下'的错觉。也正是那名警察对现实的感知能力没有正确地反映现实，才导致了我被无辜地罚款，所以罚款必须予以无条件撤销。"

同时，克里欧科夫还向法庭展示了大量的图形和方程式，作为自己无罪的有力论据。

近3个小时的论证，主审法官被克里欧科夫滔滔不绝的长篇大论绕晕了，多次要求停下来，让他解释他那一大套理论，但克里欧科夫却坚持要陈述完自己的观点。最终，法官以克里欧科夫"有理有据的清晰陈述"为由，当庭撤销了对他的罚单。

在赢取上诉后，克里欧科夫又将那篇为辩护写的论文发表在一家科技杂志上，不仅获得了强烈反响，而且还被该杂志评为特殊奖，奖金为400美元，与当时的错误罚款打了个平手。

克里欧科夫谦虚地对媒体说："我之所以能赢得这场官司，应该归功于那篇有理有据的论文。虽然如此，我还是希望大家能从论文中找出论据的不足，以便我能继续深入完善，使之成为公众今后维护自己正当权益的一种新方式。"

数字魔方

王　蒙

　　我在北戴河看到一个捉弄人的、带有赌博性质的游戏：主事者将4种不同颜色的球，红、黄、蓝、白每样5个，总共20个，全部放进箱子里，参与者从里面任意摸出10个球，如果4种颜色的组合是五五〇〇，就能得到一部莱卡照相机；如果是五四一〇，就送你一条中华烟。但有两个组合是你反过来要给他钱的：一个是三三二二，一个是四三二一。结果玩游戏的人到那儿一抓，经常是三三二二或四三二一。这是一个非常容易计算的问题。西安电子科技大学梁昌洪校长是数学家，他把整个的演算草稿都给了我。他还在学校里组织了几百个学生进行测试，又在电脑上算，结果都一样，就是三三二二和四三二一出现的概率最高，接近30%；而五五〇〇呢，只占十几万分之一。我说这五五〇〇的概率和民航飞机出事故的概率一样多，结果民航局的朋友向我提出了严正抗议，说民航局从来没出过这么多事故，出事故的概率不是十万分之一，可能是千万或者更多万分之一。这也让我长了知识。

我觉得"三三二二"或者"四三二一"就是命运。为什么五五〇〇的机会非常少？就是说命运中绝对拉开的事并不常见——一面是绝对的富有，因为五是全部，某一种颜色的球全部拿出来才是五；另一面则是〇，这个机会非常少，十几万个人中就一个。

所以说命运的特点在于：第一，它不是绝对的不公平；第二，它又绝对不是平均的。或者让你三三二二，非常接近，但又不完全一样；或者让你四三二一，每个数都不一样，却又相互紧靠。它们出现的概率非常大，我觉得这就是概率和命运的关系。一次，我和美国的一个研究生谈起我的作品，我忽然用我的小学五年级英语讲起这初中二年级的数学，我说这就是 God。他说："Eh，I don't like this."把伟大的上帝说成数学，他很不赞成。但我不是说伟大的上帝是数学，而是说数学的规律是"上帝"掌握的，和宇宙奥秘是一样的。

生活中的趣味数学

任秋凌

你觉得数学非常枯燥难懂？也许，是你不幸碰上了死板的老师。

其实，数学本身是非常有趣的，它是我们日常生活的一部分，每个人都能从中获益。

你身上的计算器

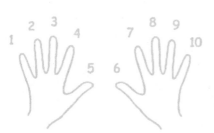

我们的手也能成为一个可以进行简单计算的计算器。这里有一个小窍门：计算9的倍数时，如图中所示，从左到右给你的手指编号。

现在选择你想计算的9的倍数，

假设这个乘式是7×9。只要像图示那样，弯曲标有数字7的手指。然后数弯曲的那根手指左边剩下的手指数是6，它右边剩下的手指根数是3，将它们放在一起，得出7×9的答案是63。

多少只袜子才能配成一对

如果你从装着黑色和蓝色袜子的抽屉里拿出两只，它们或许始终都无法配成一对。可是如果你从抽屉里拿出3只袜子，那么，不管成对的那双袜子是黑色还是蓝色，最终都会有一双颜色一样的。如此说来，只要借助一只额外的袜子，数学规则就能战胜墨菲法则。

当然只有当袜子是两种颜色时，这种情况才成立。如果抽屉里有3种颜色的袜子，例如蓝色、黑色和白色，你要想拿出一双颜色一样的，至少必须取出4只袜子。如果抽屉里有10种不同颜色的袜子，你就必须拿出11只。根据上述情况总结出来的数学规则是：如果你有N种类型的袜子，你必须取出N+1只，才能确保有一双是完全一样的。

火车相向而行的问题

两列火车沿相同轨道相向而行，每列火车的时速都是50千米。两车相距100千米时，一只苍蝇以每小时60千米的速度从火车A开始向火车B的方向飞行。它与火车B相遇后，马上掉头向火车A飞行，如此反复，直到两辆火车相撞在一起。这只苍蝇在被压碎前一共飞行了多远？

从火车出发到相撞的这一小段时间，苍蝇一直以每小时60千米的速度飞行，因此在两车相撞时，苍蝇飞行了60千米。所以不管苍蝇是沿直线飞行，还是沿"Z"形线路飞行，或者在空中翻滚着飞行，其结果都一样。

抛硬币并非最公平

抛硬币是做决定时普遍使用的一种方法。人们认为这种方法对当事人双方都很公平，因为他们认为钱币落下后正面朝上和反面朝上的概率都一样，都是50%。但是有趣的是，这种非常受欢迎的想法并不正确。

首先，虽然硬币落地时立在地上的可能性非常小，但是这种可能性是存在的。其次，即使我们排除了这种很小的可能性，测试结果也显示，如果你按常规方法抛硬币，即用大拇指轻弹，开始抛时硬币朝上的一面在落地时仍朝上的可能性大约是51%。

之所以会发生上述情况，是因为在用大拇指轻弹时，有些时候钱币不会发生翻转，它只会像一个颤抖的飞碟那样上升，然后下降。如果下次你要选出将要抛钱币的人手上的钱币落地后哪面会朝上，你在抛之前应该先看一看哪面朝上，这样你猜对的概率要高一些。但是如果那个人是握起钱币，又把拳头调了一个个儿，那么，你就应该选择与开始时相反的一面。

同一天过生日的概率

假设你在参加一个由50人组成的婚礼，有人或许会问："我想知道这里两个人的生日一样的概率是多少？此处的一样指的是同一天生日，如5月5日，并非指出生时间完全相同。"

正确答案是，大约有两位生日是同一天的客人参加这个婚礼。如果这群人的生日均匀地分布在一年的任何时候，两个人拥有相同生日的概

率是 97%。换句话说就是，你
必须参加 30 场这种规模的聚会，
才能遇到一场没有宾客出生日
期相同的聚会。

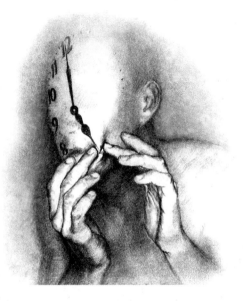

　　两个特定的人拥有相同出
生时间的概率是 1/365。问题的
关键是该群体规模的大小。随
着人数增加，两个人拥有相同
生日的概率会更高。在 10 人一
组的团队中，两个人拥有相同
生日的概率大约是 12%。

　　在 50 人的聚会中，这个概率大约是 97%。然而，只有人数升至 366 人（其
中有一人可能在 2 月 29 日出生）时，你才能确定这个群体中一定有两个
人的生日是同一天。

买多少盒才能收集齐

［日］野口哲典

张　珊　译

现在，商家的营销手段简直到了登峰造极的地步。比如，有的食品厂商会在糕点的盒子里附赠造型独特、制作精良的玩偶，其中不仅有卡通小动物和卡通人物，还有明星的卡通形象。与糕点相比，也许这些可爱的玩偶更加吸引人。

其实，这种附赠玩具的营销手段早已出现，只不过现在的厂商把它运用到了一个新的高度。包装盒中附赠的玩具不仅对小朋友有很强的吸引力，就连很多成年人也为之着迷。本来糕点是主要商品，玩具只是附赠品，但是现在看来，糕点似乎成了附赠品。

由于糕点的盒子里装入了玩具，它不仅可以在超市的食品柜台销售，还可以在玩具店销售。由此可见，商家的这一营销手段还极大地扩展了商品的市场。

其实，这种营销手段的高明之处还包括以下两个方面：第一，附赠的玩偶是成套的，有的 10 种一套，有的 20 种一套，有的甚至更多；第二，从糕点的包装盒看不出里面装的是哪种玩偶，只有买回家打开包装盒才能知道。于是，那些想集齐一整套玩偶的人必须多多购买这种糕点。

此外，商家还会有意控制附赠玩偶中一种或几种的数量，降低它们出现的概率，从而加大集齐一整套玩偶的难度，而这恰恰能激发收集者的兴趣。于是，为了收集齐一整套 10 种玩偶，有人会买几十盒甚至上百盒的糕点。

接下来，我们从概率学的角度研究一下，要收集齐一整套玩偶，平均需要买多少盒糕点。

假设，一套玩偶有两种。要集齐这两种玩偶，我们平均要买多少盒糕点？

为了便于计算，我们假设这两种玩偶出现的概率是相同的。只要买一盒糕点，我们就可以得到其中一种玩偶。之后再买糕点时，得到另一种玩偶的概率为 1/2。这就是说，再买两盒糕点就有可能得到另外一种玩偶。不过，这只是平均值，实际情况却不一定如此。

我们再来看看更为复杂的情况。假设一套中共有 5 种玩偶，那么要集齐一整套玩偶，平均要买多少盒糕点？我们同样假设 5 种玩偶出现的概率相同。

只要买一盒糕点，我们就可以得到第一种玩偶；再买糕点时，第二种玩偶出现的概率为 4/5，而 4/5 的倒数为 5/4=1.25，这也就是说平均要买 1.25 盒糕点才能得到第二种玩偶；同理，平均要买 5/3 ≈ 1.67 盒糕点

小黑孩 ┊ 图

才能得到第三种玩偶；第四种，5/2=2.5盒；第五种，5/1=5盒。因此，要集齐全部5种玩偶，平均要买：

1+1.25+1.67+2.5+5=11.42

因此，平均购买12盒糕点才可以集齐一整套5种玩偶。

如果一套有10种玩偶，平均要买29盒糕点才能集齐整套玩偶；如果一套有20种玩偶，则平均要买72盒糕点才能收集齐整套玩偶。我要反复强调的是，前面计算出来的只是平均值，并不是说实际购买这么多糕点就一定能集齐整套玩偶。不仅如此，实际上，商家还会有意降低某种玩偶出现的概率，于是要买更多的糕点才有可能集齐整套玩偶。

睡后收入

欧阳璐

大多数人并不在意的是，收入其实分为两种：主动收入和被动收入。所谓主动收入，就是你必须干点什么才能获得点什么的那种收入，像我们平时上班赚的钱，都叫作"主动收入"，也称为"睡前收入"。而被动收入则相反，就是那种你不必干什么就可以有的收入，也就是"睡后收入"。

下面通过两个例子来说明"睡前收入"和"睡后收入"。

小明是个理工男，他利用自己数理化成绩好的优势，决定周末去做家教。盈利模式是这样的：周末分成上午和下午做，共计 4 个半天，每半天一对一辅导一个学生，时长 2 个小时，收费标准为每小时 150 元。

如果周末 4 个半天全部排满，小明的周收入是 1200 元；如果每个月的 4 周都能够排满，小明的月收入是 4800 元。通常中学生辅导数理化都是以一个学期即 4 个月作为周期，那么小明每个学期的收入是 19 200 元。如果小明的口碑好，学生悟性高，一年做满两个学期，那么他一年可以收入 38400 元。

但这 38400 元收入的代价是，小明在做家教的时间里不能缺席任何一次，不能休假，不能出门旅行，不能做任何其他的事情。

小强是个设计师，美工水平一流，他在网络上写专业的科普文章，渐渐写出点口碑并有了自己的粉丝群体，然后他开始将自己的专业技术转化成通俗的语言，受邀到网络上进行付费分享。一堂分享课听课费用为 9.9 元，有 1000 人报名，扣除一些平台费用，小强 90 分钟的分享课程可以拿到 9000 多元的收入。只要后续持续有人听课，小强就会继续拿到授课费用。

小强成功地通过这种"知识转化"的模式得来的收入，就是"睡后收入"。而看了这个例子我们也会发现，"睡后收入"能帮助自己创造出很多的分身，让它们去拼命挣钱，自己却能得到自由。但是"睡前收入"就只能亲力亲为，要不停地消耗自己的生命力去创造财富。

那么有哪些常见的"睡后收入"呢？

1. 利息

被动收入最常见的例子是利息。你的本金越多，投资所得的利息越高，收入自然也就越多。

比如，你工作第一年存下来 5 万元，投资年化收益率 8% 的理财产品，那么每天就会有 10 块钱左右的利息，这 10 块钱就是你每天睡醒后的收入了。但要注意的是，股票和基金的市值上涨不是"睡后收入"，它们会涨也会跌。但是股票和基金的分红却是标准的"睡后收入"，尤其是分红率极高的那些优质股票，它们一年的分红率往往会达到 6%，甚至更高。

2. 房租

房租也是一种常见的被动收入。如果你有多套房产出租，每个月收到的租金也算是被动收入，但就目前的房地产市场来看，租金的收入是远远比不上房产价值的利息的。比如你一套房子价值100万元，可能一年下来的租金只有2万元，年化收益率仅2%，其实不是很划算。

比如，就在知道自住房屋可以出租后，上海的李先生就在琢磨着要挣点"睡后收入"了。没有启动资金怎么挣呢？他就发布了一个"轻松筹"的广告——欲筹集1.5万元，把自己租赁的别墅二楼的通道和三楼进行装修，改造成以"迪士尼"为主题的民宿，短租给游客。

这条广告通过朋友圈转发，影响力不断扩大。众筹活动在短短1天时间内就获得75人的支持，累计筹款达到1.199万元。

很多人开始问，他到底是怎么操作的？

是这样，李先生把租房和借钱聪明地融合在一起，向社会承诺，如果众筹成功：

（1）贡献1元~99元：可以得到别墅住宿权，消费时双倍使用（相当于打对折）。

（2）贡献100元~199元：免费住别墅一晚，送精美礼品一份。

（3）贡献200元~300元：免费住别墅一天，免费接站一次（不限时间地点）。

（4）贡献300元~400元：免费住别墅大房间一天，免费接站/送站各一次（不限时间地点）。

（5）贡献400元~500元：要求您提，甩膀子也要尽量满足。从途家网上看到，上海迪士尼周边的别墅租赁价格，一整栋可以达到每天1600元~2500元。即使按间算，每间的租金也在250元以上，而李先生提供的别墅单间租金每天只有 200 元，价格显然有相当的吸引力，难怪能在短短不到一天的时间获得那么多人的支持。

3. 知识收益

知识产权这种被动收入，也是很值得鼓励的。比如写书、出音乐专辑，甚至创造、发明一些专利，只要有人购买或使用，这种收入就会源源不断。

新东方的原名师、著名天使投资人李笑来就一直笑称他是"睡后收入"的获益者，并且还特地写了一篇"睡后收入"指南：

我个人第一次有真正意义上的被动收入，是因为我写了一本书。这本书写于 10 年前，迄今究竟出版了多少册，我也记不清了。反正，它到现在每年还给我带来不少的税后收入——但我总是私下开玩笑，说这笔钱是"睡后收入"。

这本书的版税，出版社每年往我的卡里转两次账，每次都会给我发一封邮件。这本书我的版税率是 11%，也就是说，一本售价 29 元的书，每售出一本，我大概能收入 3 元人民币（它畅销了 10 年，还在继续卖，销量稳定）。

后来我给自己创造了更多的被动收入，后面还有两本畅销书，即便到现在我个人的日常开支都基本上来自这两本书的稿费。本质上来看，这些"睡后收入"，是我从 35 岁开始总是"不务正业"的根本原因。关于我的"不务正业"，身边的朋友都习惯了。

瞧，这就是李笑来充满豪气的"睡后收入"。而关于买房子，李笑来写文章说他自己绝不买房，只是租豪宅住。原因很简单，他压根儿不在乎中国的房价上涨，他的底气就是自己赚钱的能力实在太强，增速远远超过房价的上涨速度。

算术里的人生

毛 尖

小时候上算术课，老师喜欢问：已知向阳公社有五个村，每个村有三个化粪池，问向阳公社一共有几个化粪池？童年时候不怕脏，可以日日算计化粪池的多少，不过我母亲禁止我在饭桌上讲此类的算术题目，虽然她也不敢说这种题目听着恶心。但是，在化粪池培养出我们对农民的感情前，学农的风潮过了。接下来有很长一段时间，我们天天计算一个车间每天生产一百个轴承，问一年能生产多少个。有时题目做错了，也就对工厂生出一丝厌烦。

那时候，老师出的算术题目，都是很有无产阶级感情的。边境自卫反击战那年，我们做的算术题目是这样的：如果每个同学捐两个鸡蛋给前线战士，问全校 560 个同学可以捐多少个鸡蛋？题目做多了，后来学校真的组织我们捐献了一次鸡蛋。班上有个同学来送鸡蛋的时候，不小心打碎了其中一个，这个小事故给了我们算术老师灵感，从此，我们经常要计算破鸡蛋的数量。

大概我们的鸡蛋发挥了点作用，反击战结束了，我们也很快小学毕业了。中学里的数学变得比较抽象也比较乏味，如此许多年。最近看到一个报道，说是现在的学生不再像我们以前，算多少亩地是几丈几尺，也不是甲乙两人相向而行，一条小狗在两人之间来回奔波，问小狗跑了多少里地。现在的算术题是：有三家商店都在卖可乐，第一家买一大瓶送一小听，第二家一律九折，第三家买30元打八折。现在已知大瓶可乐每瓶一千克卖十块钱，小听可乐每听200克卖两块钱，问：如果要买一听可乐，去哪一家最合算？如果要买一大瓶和一小听去哪家便宜？30听？18瓶？在第一家买多少最合算？如果你还要在楼下开第四家商店，你会采取什么样的销售策略？

诸如此类的数学题正作为与时俱进的现代教学方式在沿海各地推广，报道说这是"科学化解数学传统教学弊端"，只是，我实在看不出，这种题目比当年的"化粪池"又进步了多少？

自由在高处

熊培云

先给大家出一道智力题吧。

请挪动其中一个数字（0、1 或者 2），使"101-102=1"这个等式成立。

注意：只是挪动其中一个数字，只能挪一次，而不是数字对调。

我不想吹牛，几年前当我第一次看到这道题的时候，只花了不到一分钟的时间便做出来了。后来当我把这道题转述给一些朋友时，有一位朋友冥思苦想两个小时后，终于放弃。我至今未忘他那痛苦的表情。当我将答案告诉他后，他彻底崩溃了。

几年间，我问过很多朋友。比如有一次，几位电视台的朋友请我吃饭，我便给他们出了这道题。接下来就只有我一个人在吃，等其中一位"哎呀"一声道出答案时，一桌菜早凉了。

当然我也拿这道题折磨过西方朋友。都说西方人的逻辑思维比东方人强，但至少在这道题上，我认为不见得。今年年初，在从瑞士到巴黎的列车上，为了解闷，我让同行的几位瑞士和法国旅客做这道题，竟无一人能答对。随后，在巴黎到北京的飞机上，包括一位意大利人、一位德国人和一位中法混血儿，也都没能给出答案。待知道答案时，他们的表情同样是有些无奈和痛苦。

我的这道题，让西方人也崩溃了。无论国界，无论东方与西方，时常会受困于某种思维陷阱。

在公布答案之前，对于那些还在苦思冥想的朋友，通常我会让他们重温《肖申克的救赎》这部电影——如果他们看过的话，我问他们这部电影里有些什么经典镜头让他们至今难忘。

电影主人公安迪是一位银行家，因被错判入狱，不得不在牢狱里度过余生。然而，他并没有绝望，他相信"有一种鸟是关不住的，因为它的每一片羽毛都闪着自由的光辉"。后来，这位银行家成功越狱。

为了提示那些思考者，我会从这部电影中抽取三个经典镜头：

其一，安迪和狱友一起修葺监狱的屋顶，并且与狱警达成交易，获得在屋顶上喝啤酒的权利。在影片的画外音中，安迪的好友瑞德这样叙述："1949 年春天的某天早晨 10 点钟，我们这帮被判有罪的人，在监狱的屋顶上坐成一排，喝着冰镇啤酒，享受着肖申克国家监狱狱警们全副武装的保护。我们就这样围坐在一起，喝着啤酒，沐浴着温暖的春光，就像是自由人正在修理自家的屋顶。我们晒着太阳，喝着啤酒，觉得自己就是自由人，可以为自家的房顶铺沥青。我们是万物之主！"

其二，安迪坐在监狱长的办公室里，反锁房门，将监狱广播的音量调到最大，播放《费加罗的婚礼》。此时，镜头拉升，所有囚徒仰望天空，恍惚间肖申克监狱像是洗礼人心的教堂。

其三，安迪从下水道逃出，站在泥塘里，在电光雨水之下，张开双臂，体味久违的、失而复得的自由。

不知道读者是否注意到，这里的三个镜头都与高处有关。无论是在屋顶上喝啤酒，仰听自由的乐声，还是张开双臂欢呼自由，自由都在高处。而我所出的这道题，答案也是在高处了。

一切很简单，你只需将"102"中的"2"上移，变成平方便大功告成。接下来你会看到这样一个等式——"$101-10^2=1$"。

为什么这道题让许多人终于放弃？想来还是因为思维定势吧。一说到"挪动"，多数人首先与最后想到的都是左右挪动。而如果你能不受这种约束，让这里的每个数字都东奔西突，活跃地在你的眼前跳舞，你就会很快找到答案了。至少我当时是这样找到答案的。其实，有关这道题的分析何尝不适用于我们的

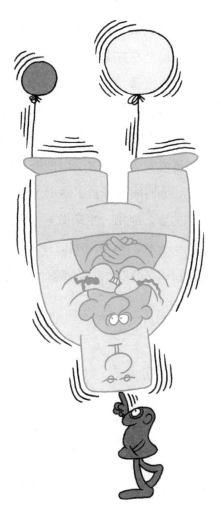

刘 宏 | 图

社会与人生。不得不承认，我们常常陷于一种横向的、左右的思维之中，而很少有一种向上的维度、个体的维度、神性的维度和时间的维度。

对于个人而言，有些人受困于单位文化，人为物役，直至彻底被体制化。他们很少超拔于单位之上，为谋理想选择出走。所谓成功，也不过是落得个左右逢源，而自己真正想做的事情，却遭流放。

世界就像是一个广场，如果你只知道左右，而忘了站在高处张望，是很难找到方向的。什么时候，当你能超拔于时代的苦难之上、人群之上，能从自己出发，以内心的尺度衡量人生，才可能是自由的。

再说安迪，他之所以能够从肖申克监狱里逃出，正是因为空间禁锢了他，而时间又拯救了他：一天挖不完的隧道，他用 19 年来挖；一天做不完的事，他用一生来做。我说人是时间单位而非空间单位的意义亦在于此——我们都是时间的孩子。如果你的一生都像安迪一样追求自由，知道自由在高处，那么你的一生就是自由的。

玩转你的 86400 秒

周伟强

请问，如果每天都有 86400 元进入你的银行户头，而你必须当天用光，你会如何运用这笔钱？

天下真有这样的好事吗？

是的，你真的有这样一个户头，那就是"时间"。每天每一个人都会有新的 86400 秒进账。那么，面对这样一笔财富，你打算怎样利用它们呢？

首先，让我们来做一个关于时间管理总体水平的测试。

下面的每个问题，请你根据自己的实际情况，如实地给自己评分。

计分方式为：选择"从不"记 0 分，选择"有时"记 1 分，选择"经常"记 2 分，选择"总是"记 3 分。

1. 我在每个工作日之前，都能为计划中的工作做些准备。

2. 凡是可交派下属（别人）去做的，我都交派下去。

3. 我利用工作进度表来书面规定工作任务与目标。

4. 我尽量一次性处理完毕每份文件。

5. 我每天列出一个应办事项清单，按重要顺序排列，依次办理这些事情。

6. 我尽量回避干扰性电话、不速之客的来访，以及突然的约会。

7. 我试着按照生理节奏变动规律曲线图来安排我的工作。

8. 我的日程表留有回旋余地，以便应对突发事件。

9. 当其他人想占用我的时间，而我又必须处理更重要的事情时，我会说"不"。

结论：

0~12 分：你自己没有时间规划，总是让别人牵着鼻子走。

13~17 分：你试图掌握自己的时间，却不能持之以恒。

18~22 分：你的时间管理状况良好。

23~27 分：你是值得学习的时间管理的典范。

知道了你自己的时间管理方面的总体水平，接下来，让我们来分析一下时间是如何被浪费掉的。

浪费时间的原因有主观和客观两大方面。这里，我们来分析一下浪费时间的主观原因，因为，这是一切的根源。

1. 做事目标不明确。

2. 作风拖拉。

3. 缺乏优先顺序，抓不住重点。

4. 过于注重细节。

5. 做事有头无尾。

6. 没有条理，不简洁，简单事情复杂化。

7. 事必躬亲，不懂得授权。

8. 不会拒绝别人的请求。

9. 消极思考。

一项国际调查表明：一个效率糟糕的人与一个高效的人工作效率相差可达 10 倍以上。

看来，人人都需要掌握时间管理的方法和理念。

那么，什么是时间管理？

所谓时间管理，是指用最短的时间或在预定的时间内，把事情做好。

接下来，我们来看一组数据，虽然这些数据来自美国，但对我们还是有一定参考价值的。

□人们一般 8 分钟就会受到 1 次打扰，每小时大约 7 次，每天 50~60 次。平均每次打扰用时大约是 5 分钟，总共大约 4 小时。大约 50%~80% 的打扰是没有意义或者极少有价值的。

□每天自学 1 小时，7 小时一周，365 小时一年，一个人可以像全日制学生一样学习，3~5 年就可以成为专家。

□一个人如果办公桌上乱七八糟，他平均每天会为找东西花 1 个半小时，每周要花 7 个半小时。

□善于利用时间的人不会把时间花在需要的事情上，而会花在值得的事情上。

□时间管理当中最有用的词是"不"。

□做一件事情实际花费的时间往往会比预期的时间多一倍。

□如果你让自己一天做一件事情，你会花一整天去做；如果你让自己一天做两件事情，你也会完成它们；如果你让自己一天做 12 件事情，则会完成 7~8 件……

数字往往会揭示一些人们意想不到的真相。这些数据是否令你感到吃惊？我们不妨留意一下，找出一些和自己有关的时间数字，使自己始终保持危机感，警惕时间的流逝，抓紧利用好每一分、每一秒。

①时间管理的方法：

时间管理的方法有很多，这里我们来分享集各种方法之大成的 5 个：

6 点优先工作制

该方法是效率大师艾维利在向美国一家钢铁公司提供咨询时提出的，它使这家公司用了 5 年的时间，从濒临破产一跃成为当时全美最大的私营钢铁企业，艾维利因此获得了 2.5 万美元咨询费，故管理界将该方法喻为"价值 2.5 万美元的时间管理方法"。

这一方法要求把每天所要做的事情按重要性排序，分别从"1"到"6"标出 6 件最重要的事情。每天一开始，先全力以赴做好标号为"1"的事情，直到它被完成或被完全准备好，然后再全力以赴地做标号为"2"的事，依此类推……

艾维利认为，一般情况下，如果一个人每天都能全力以赴地完成 6 件最重要的事，那么，他一定是一位高效率人士。

②帕累托原则

这是由 19 世纪意大利经济学家帕累托提出的。其核心内容是生活中 80% 的结果几乎源于 20% 的活动。比如，总是那些 20% 的客户给你带来了 80% 的业绩，可能创造了 80% 的利润；世界上 80% 的财富是被 20% 的人掌握着，世界上 80% 的人只分享了 20% 的财富。因此，要把注意力放在 20% 的关键事情上。

根据这一原则，我们应当对要做的事情分清轻重缓急，进行如下的排序：

A．重要且紧急（比如救火、抢险等）——必须立刻做。

B．重要但不紧急（比如学习、做计划、与人谈心、体检等）——只要没有前一类事的压力，应该当成紧急的事去做，而不是拖延。

C．紧急但不重要（比如有人因为打麻将"三缺一"而紧急约你、有人突然打电话请你吃饭等）——只有在优先考虑了重要的事情后，再来考虑这类事。人们常犯的毛病是把"紧急"当成优先原则，而不是把"重要"当成优先原则。其实，许多看似很紧急的事，拖一拖，甚至不办，也无关大局。

D．既不紧急也不重要（比如娱乐、消遣等事情）——有闲工夫再说。

③麦肯锡30秒电梯理论

麦肯锡公司曾经得到过一次沉痛的教训：该公司曾经为一家重要的大客户做咨询。咨询结束的时候，麦肯锡的项目负责人在电梯间里遇见了对方的董事长，该董事长问麦肯锡的项目负责人："你能不能说一下现在的结果呢？"由于该项目负责人没有准备，而且即使有准备，也无法在电梯从30层到1层运行的30秒内把结果说清楚。最终，麦肯锡失去了这一重要客户。从此，麦肯锡要求公司员工凡事要在最短的时间内把结果表达清楚，凡事要直奔主题、直奔结果。麦肯锡认为，一般情况下人们最多记得住一二三，记不住四五六，所以凡事要归纳在3条以内。这就是如今在商界流传甚广的"30秒电梯理论"，或称"电梯演讲"。

④办公室美学

秩序是一种美。均匀、对称、平衡和整齐的事物能给人一种美感。

简洁就是速度，条理就是效率。简洁和条理也是一种美，是一种办公室的美学、工作的美学。

我们应当养成如下良好习惯：

□物以类聚，东西用毕物归原处。

□不乱放东西。

□把整理好的东西编上号，贴上标签，做好登记。

□好记性不如烂笔头，要勤于记录。

□处理文件的3个环节：第一，迅速回复。第二，迅速归档，以免文件弄乱或弄丢。第三，及时销毁。没用的文件要及时处理掉，以免继续浪费空间和时间。

⑤莫法特休息法

《圣经·新约》的翻译者詹姆斯·莫法特的书房里有3张桌子：第一张摆着他正在翻译的《圣经》译稿；第二张摆的是他的一篇论文的原稿；第三张摆的是他正在写的一篇侦探小说。

莫法特的休息方法就是从一张书桌搬到另一张书桌，继续工作。

"间作套种"是农业上常用的一种科学种田的方法。人们在实践中发现，连续几季都种相同的作物，土壤的肥力就会下降很多，因为同一种作物吸收的是同一类养分，长此以往，地力就会枯竭。人的脑力和体力也是这样，如果长时间持续同一项工作内容，就会产生疲劳，使活动能力下降。如果这时改变工作内容，就会产生新的优势兴奋灶，而原来的兴奋灶则得到抑制，这样人的脑力和体力就可以得到有效的调剂和放松。

记者的数字癖

莫小米

仿佛永远记不住，总是不自觉地落进这个俗套。

日前采访一位中医。他的医术并不神奇，亮点在于，他感慨偏僻山村的家乡父老看病难，每每将小病拖成大病，立志为底层农民做些事情。

他定期到乡间义诊，不收一分钱。无法动弹的病人，他上门诊治，一次一次直到痊愈。这个做法他已经坚持了好多年。

这样做不会亏本吗？他承包了山地，自己种植中草药，降低了成本，方可维持。这种做法，以前在赤脚医生中蛮常见的，搁到今天，实属凤毛麟角。

他讲到一个被关节炎所困，又因拖延乃至无法下床的女病人，在他免费上门诊治后痊愈的故事。我习惯性地问："前后治了几次呢？总共为她花了多少钱呢？"

他答："不知道，真的没法说，从来不去算。"

是啊，既然免了，就连计算也免了，他从没想到有一天要宣扬这些数字。

想起当年在加拿大的一位华裔老人的家，看到墙上很美的一张照片——蓝天白云，水鸟飞翔，一排竹楼，翘檐、吊脚，宛在水中央。那是他在中缅边境上捐建的一所小学校。日本人打来时，他逃难到那儿，差点死掉，幸亏被异邦的好心人收养。退休后他故地重游，发现村里的孩子读书很困难，要划着船到很远的地方去上学，就在那里捐建了这所小学校。

同行的记者立刻感动了，并来劲了，非问他花了多少钱，是什么币？加元还是美元？而老人算了半天仍算不出来。

记者是出于职业习惯，也许是为了资料更翔实吧，用数字说话。

也有非常多的被采访者，企业家、明星、名家，非常配合，做慈善时必用数字说话。那些数字是他们早就准备好的，媒体还喜欢据此列出排行榜。

只要不是虚假夸大的数字，不是承诺了没有兑现的数字，有数字也很好。

唯真正的慈善，从未想到计算。

弱者面对强者

保罗·霍夫曼

《美国数学》登载了一个有趣的数学问题。三名男子参加一个以气球为目标的投镖游戏。每个人都用飞镖攻击另外两个人的气球，气球被戳破的要出局，最后幸存的是胜者。

三名选手水平不一，在固定标靶的测试中，老大命中率为80%，老二和老三的命中率分别为60%和40%，现在，三人一起角逐，谁最有可能获胜？

答案看似简单：投得准的会取胜。而实际上，一开场，每个人都希望先把另外两个对手中的强者灭掉，自己才安全，下面的比赛也会轻松。于是，老大专攻老二，老二、老三就攻老大，结果是水平最高的老大最易出局，水平最差的老三最安全！

　　老大自然不会那么蠢，他会游说老二："我们合伙把老三灭了，这样，你我胜率都高嘛！"

　　但是，老二会想："老大，你想得美！若我们灭了老三，然后对打，我还不是处在劣势？"于是，老大和老二的合作有了裂痕。

　　耶鲁大学数学研究所的经济学教授马丁·苏比克讨论过另一种策略，"老大会对老二保持一种威慑，'我不攻击你，你也别攻击我，否则，我将不顾一切地回击你！'这样一来，就会造成新的局面。老二岂肯善罢甘休，也会以同样的方式威胁老三，那么，三人的胜率又是……"

　　若两个男人比赛，问题再简单不过；若多出一人，问题就复杂了许多倍。

　　摒弃复杂的数学和社会问题，还原为一个简单的生活道理：面对一个强者，弱者只能接受失败；面对一群强者，弱者反而有了更多的周旋余地。

　　人际互动，不仅需要技术，更需要战术和战略。

科学家的数字武器

方 敏

数字是一种非常有趣的文字，在不同的领域里有不同的功能。在科学家的领域里，数字就成了一种攻击别人、捍卫自己的武器。

斯蒂芬·杰·古尔德，是当今世界上著名的进化论者、古生物学家、科学史学家和科学散文作家。在《硕大的脑袋，狭小的心灵》一文中，古尔德给我们讲述了一场发生在 1861 年的"战争"。

这场"战争"的起因是脑袋的大小是否与智力有关，交战双方是科学家保罗·布鲁卡和皮埃尔·格拉蒂奥洛，焦点却是一个非常特别的东西——科学家居维叶的头颅。

科学家巴隆·乔治·居维叶是那个时代最伟大的解剖学家，他将动物按照功能分类，而不是按照人类中心说从低等到高等排列，纠正了我们对动物的理解。他还首次确定了灭绝是事实，强调了剧变在生命和地球历史中起到过重要作用。他被称为古生物学之父。

不论对谁来说，居维叶是一个有着超凡智慧的人，这是一个没有争议的事实。有争议的则是，他的超凡智慧是否因为他有一个超凡的大头。

于是，在居维叶死后，为了科学的利益，出于好奇的需要，他的同事们决定打开这颗最伟大的头颅。

1832年5月5日，星期二，早晨7点，一群最著名的医生和生物学家，一起解剖了居维叶的尸体。他们首先解剖了内脏器官，发现"没有什么出奇之处"，接着，他们又称量了那个智慧的头颅：1830克！比人的平均脑量重400克，而且比以前称量过的最重的无病脑还重200克。

于是，布鲁卡有了数字的武器，充分证明他的观点：人的智力与脑量的多少有关，而且成正比。

但是，持对立观点的皮埃尔并不甘于失败。他本想去测量居维叶的头盖骨，但没有实现，他就去测量了居维叶的帽子，拿着测量结果，他又请教了巴黎最高超最知名的制帽匠，得知居维叶的帽子并不比别人大多少，他的头盖骨也大不到哪里去。事实证明：智力和头的大小没有关系。

布鲁卡与皮埃尔争论了5个月，在专业刊物上发表的有关文章大约有200页。最后，布鲁卡赢了，对他来说，最有力的证据莫过于居维叶的头，最有力的武器就是那个1830克！

毕竟帽子只是身外之物，不足为凭！

最伟大的解剖学家居维叶大概没有想到，他的大脑在停止运转之后还在为解剖学做着奉献。

但是，胜利未必是永久的。1907年，科学家施皮茨克已经掌握了115名著名人物脑量的资料。随着人数的增多，得出的结果也越来越模糊。

在上限部分，1883 年去世的俄国作家屠格涅夫的脑量终于超过了居维叶，达到了 2012 克。在下限部分，获诺贝尔奖的法国作家法朗士的脑量差不多只有屠格涅夫的一半：1017 克！

那么，古尔德又是怎样看待这个问题的呢？他说："脑的物质结构肯定以某种方式记录着智力，但是粗略的大小和外在的形状不可能反映出任何有价值的东西。"也就是说，他认为，在这方面数字不能够说明什么。

然而，在另一篇题为《从生物学的角度向米老鼠致敬》中，古尔德却又对"粗略的大小和外在的形状"，也就是这方面的数字，发生了极大的兴趣，而且用它们来捍卫自己的幼态持续学说。

在这篇文章中，古尔德提出的问题是，迪斯尼公司的艺术家为什么要把米老鼠的形象一改再改，而且是朝着一个方向修改。古尔德不厌其烦地测量了各个时期的米老鼠的身体的各个部位，得出了一组组的数字比例。

从 20 世纪 30 年代到现在的米老鼠，身体的各个部位的比例在稳定地增加：眼睛与头的比例从 27% 增加到 42%，头与身长的比例从 42.7% 增加到 48.1%，鼻子到前耳距离占鼻子到后耳距离的比例从 71. 7% 增加到异常大的 95.6%。

对我们来说，这是一组抽象而又枯燥的数字，但古尔德却非常精细，乐此不疲。说明一个什么问题呢？那就是，米老鼠在这么多年中正是渐渐地有了"相对大的头，明显的脑盖，眼睛大且位置低，突出的脸颊，短而粗的四肢，灵巧的呆板，笨拙的运动"这些明显的特征，才会越来越受到人们的喜爱。

在这篇文章中还有历代米老鼠的形象比较的插图，果然有着这种明显的变化，叫人不能不信服。

其实，古尔德只要说明这个事实，再加上图片。我们也能一目了然，为什么一定要计算出那些数字呢？恐怕这就是科学家的特点了。因为我们信服不等于所有的科学家都能信服，那么，靠什么来捍卫自己的学说呢？像前面说到的那两个科学家一样，古尔德也拿起了数字的武器。

一个科学家对一个卡通形象下这么大的功夫，不仅仅因为古尔德是一个米老鼠迷，更重要的是他想说明幼态持续的结果。

古尔德说："米奇永葆青春的途径是我们人类进化故事的缩影。人类是幼态持续的生灵。"

古尔德还说："康拉德··洛伦兹在一篇很有名的文章中指出，人类利用婴儿和成人之间形态上的典型差异作为重要的行为线索。他相信，幼年的特征可以焕发成年人的慈爱和养育之心的'固有机制的释放'。"

为了论证这一理论，古尔德的书中还列举了那些老鼠中的恶棍——米老鼠的对手莫蒂默。尽管书中也有让人一目了然的插图，科学家还是用了自己的数字武器。他说："极不体面的莫蒂默的头长占身长的2%，而米奇的占45%；莫蒂默的鼻子占头长的80%，而米奇的占49%。"尽管它的年龄和米奇相同，"但是外貌却总像个成年"。

古尔德很聪明，他不给他的读者讲艰深晦涩的科学道理，从米老鼠的形象中，他还让我们去联想，为什么有些动物会让我们不由自主地喜爱，比如大熊猫，是因为它的外形和行为都有一种幼年的特征。而有些动物却让我们感到冷漠，比如骆驼，它老是那样昂着头，鼻子朝天，一副傲慢的成人的样子。这样的科学理论让我们读起来亲切明白，又受益匪浅。

由此我想到，人们常说隔行如隔山，其实未必，只要你能够独具慧眼，找到你这一行和另一行相关的切点、共性和异性，利用你这一行的优势，打进去，拉出来，就会得到旁人没有的收获和成功。现在有个热门的学科叫做"艺术与科学",不就是两种学科的交叉吗?

不过,不同行的人在研究中又一定会扬长避短,比如古尔德,作为科学家,就会和艺术家有所不同,他注重的不是感觉和意向,而是一切科学家永远都不会放弃的数字武器。

塔木德难题

塔木德

在犹太教典籍《塔木德》中，有一则"三妾分产"的故事。该故事记载于《塔木德·妇女部·婚书卷》，说的是一名富翁在婚书（婚姻契约）中向他的 3 位妻子许诺，死后将给三老婆 100 个金币，二老婆 200 个金币，大老婆 300 个金币。可是富翁死后人们分割其遗产时，发现他的遗产根本没有 600 个金币，那么他的 3 位妻子各应分得多少金币？

最终，财产分配方案如下（简称"塔木德方案"）：

	三老婆	二老婆	大老婆
遗产为 100 金币	33.3	33.3	33.3
遗产为 200 金币	50	75	75
遗产为 300 金币	50	100	150

按常理，这 3 人得到的遗产比例应为 1：2：3，而在犹太拉比的裁决中，只有当遗产数为 300 个金币时，这一比例才成立。人们不明白这个与常理相悖的方案是如何制订出来的。

1985 年，罗伯特·奥曼和另一位数学家解开了这个谜，而解开这个谜的钥匙仍在《塔木德》里。

《塔木德·损害部·中门卷》有则故事：甲乙二人共同抓着一件大衣来找法官，若甲乙都发誓自己拥有这件大衣的全部所有权，法官会判定甲乙分别得到这件大衣的二分之一。若甲发誓自己拥有这件大衣的全部所有权，乙发誓自己拥有二分之一所有权，则法官会判定甲拥有大衣的四分之三，乙拥有四分之一。

奥曼深入研究了《塔木德》，并根据这个故事，总结出古代犹太人解决财产争执的 3 个原则：

一、仅分割有争议的财产，无争议的财产不予分割。

二、宣称拥有更多财产权利的一方，最终所得不少于宣称拥有较少权利的一方。

三、财产争议者超过两人时，将所有争议者按照其诉求金额排序，最小者自成一组，剩下的所有争议者另成一组，有争议的财产在两组间公平分配。

以"三妾分产"为例，根据"塔木德方案"，当遗产只有 100 个金币时，由于 3 位妻妾都宣称有权利获得 100 个金币，这时如果按照第三条原则来分割财产，要求最少的三老婆得到 50 个金币，而要求更多的二老婆和大老婆反而一共才得到 50 个金币，违背了第二条原则，所以三人应该平分，各得 33.3 个金币。

当遗产为 200 个金币时，由于三老婆宣称自己有权获得 100 个，因此剩余 100 个可以明确分给二老婆和大老婆。然后，三老婆自成一组，二老婆和大老婆合为一组，两组分割三老婆宣称有权继承的那 100 个金币，二老婆和大老婆再得 50 个金币，三老婆剩 50 个金币，三老婆的财产继承结束。此时，二老婆和大老婆共有 150 个金币，由于二人都宣称拥有这 150 个金币的继承权，因此这 150 个金币二人平分，二人各得 75 个金币。

当遗产为 300 个金币时，由于三老婆宣称自己有权获得 100 个，因此剩余 200 个可以明确分给二老婆和大老婆。然后，三老婆自成一组，二老婆和大老婆合为一组，两组分割三老婆宣称有权继承的那 100 个金币，二老婆和大老婆再得 50 个金币，三老婆剩 50 个金币，三老婆的财产继承结束。此时，二老婆和大老婆共有 250 个金币，由于二老婆宣称拥有200 个金币的继承权，因此其中 50 个金币可以明确分配给大老婆。然后，二老婆与大老婆继续分割二老婆宣称有权继承的那 200 个金币，双方各得 100 个金币，二老婆的财产继承结束。此时，三老婆拥有 50 个金币，二老婆拥有 100 个金币，大老婆拥有 150 个金币。

从博弈论的角度看，"塔木德方案"给财产争执提供了一个出色的解决方案，它拥有一个贯穿始终的原理，一旦接受这一原理，则争执方无论从哪个角度考虑都会发现这一解决方案是公正的。

6+2 大于 4+4

杨江波

美国旧金山的金门大桥横跨 1900 多米的金门海峡，连接北加利福尼亚与旧金山半岛，由于来往车辆很多，金门大桥总会堵车。

原先金门大桥的车道设计为"4+4"模式，即往返车道都为 4 条，这是非常传统的设计。当地政府为堵车的问题迟迟不能解决感到头疼，如果筹资建第二座金门大桥，那必定得耗资上亿美元，当地政府决定拿出 1000 万美元向社会征集解决方案。

最终一个年轻人的方案得到当地政府的认可，他的解决方案是将原来的"4+4"车道改成"6+2"车道，上午向南的车道为 6 条，向北的车道为 2 条，下午则相反，向北的为 6 条向南的为 2 条。

他的方案试行之后立即取得了显著的效果，困扰多时的堵车问题迎刃而解。

　　传统的"4+4"车道忽略了高峰期车辆出行的方向：上午市民上班造成向南的车道拥挤，下午市民下班造成向北的车道拥挤。而"6+2"车道恰到好处地利用车辆出行的时间差，合理地利用另一半车辆少的车道，这样，同样是8条车道，6+2明显取得了大于4+4的效果。

刘　宏　图

指数化：生活新理念

王晓宇 编

按"指数"生活，是现代人优化生活的新理念。充分理解这些指数的内涵，并按其行事，对提高人们的生活质量、促进身心健康、提高工作效率有着十分重要的意义。

标准体重的指数

身高 165 厘米以下者：体重（千克）= 身高（厘米）-100。身高 166~175 厘米者：体重（千克）= 身高（厘米）-105。身高 176 厘米以上者：体重（千克）= 身高（厘米）-110。

正常人体重的波动范围大致在 10%，超过标准体重的 25%~34% 为轻度肥胖，超过标准体重的 35%~49% 为中等肥胖，超过标准体重的 50% 为重度肥胖。

晨练运动指数

在什么气象条件（天空状况、风、温度、湿度以及污染状况）下进行晨练较为适宜呢？晨练指数为您提供了参考依据。晨练指数分为5级。1级：非常适宜晨练。2级：适宜晨练，1种气象条件不太好。3级：较适宜晨练，2种气象条件不太好。4级：不太适宜晨练，3种气象条件不太好。5级：不适宜晨练，所有气象条件都不好。

心脏功能指数

测试与了解心脏功能指数的方法是：在90秒时间内，向前屈体弯腰20次。前倾时呼气，直立时吸气。

弯腰之前先测定并记录自己的脉搏，此为数据Ⅰ。在做完运动后立即测定一次脉搏，为数据Ⅱ。60秒后，为数据Ⅲ。将三项数据相加，减去200，除以10，即：[（Ⅰ＋Ⅱ＋Ⅲ）－200]/10。如所得数为0~3，说明心脏功能极佳；所得数为3~6，说明心脏功能良好；所得数为6~9，说明心脏功能一般；所得数为9~12，说明心脏功能较差，应立即就医。

穿衣着装指数

根据天空状况、气温、湿度及风力等气象条件进行分析研究而得出的着装气象指数，可以提醒您根据天气变化适时着装，以减少感冒等疾病的发生。目前，着装指数共分8级。1~2级为夏季着装，衣服厚度在4毫米以下。3~5级为春秋过渡季节着装，从单衣、夹衣、风衣到毛衣类，服装厚度在4~15毫米。6~8级为冬季着装，主要指棉服、羽绒服类，服装厚度在 15 毫米以上。

紫外线强度指数

紫外线指数可以帮助人们适当预防紫外线辐射。当紫外线为0~2级时，对人体无太大影响，外出时戴上太阳帽即可。3~4级，外出戴上太阳帽及太阳镜，并涂防晒霜。5~6级，外出时须在阴凉处行走。

7~9级，上午10时至下午4时这段时间不宜到沙滩等场地晒太阳。到10级时，应尽量避免外出，此时紫外线极具伤害性。

空气舒适度指数

空气舒适度的预报被分为极冷、寒冷、偏冷、舒适、偏热、闷热、极热7个等级，分别表示人体对外界自然环境可以发生的各种生理感受。

"极冷"或"极热"：在未来24小时内，必须在具有保暖或防暑措施的环境中工作或生活，否则会冻伤裸露的皮肤或是发生中暑现象。

"寒冷"或"闷热"：要适当采取保暖或降温措施，以免过度的寒冷或炎热影响身体健康和工作效率。

"偏冷"或"偏热"：年老体弱的朋友要适当增减衣服，防止感冒或受热。

"舒适"：未来24小时内人们都会感到冷暖适度、身心爽快，是休闲度假或外出旅游的最佳时段。

完美停车公式

佚 名

好不容易找到一个车位，费了半天劲却发现，地方太小技术太差停不进去，这种令人沮丧的经历你是否有过？伦敦大学皇家霍洛维学院的数学教授西蒙·布莱克伯恩宣称，可以帮你一劳永逸地解决这个问题，前提是你的数学要足够好。根据布莱克伯恩给出的公式，你需要知道所驾驶的汽车的转弯半径 r、前后轮距离 l、前轮中心点到车头的距离 k 以及停在旁边的车的宽度 w，然后将数字代入复杂的公式，就能计算出允许停进一辆车的最小距离。

公式见杂志

根据英国最新的一项调查，57% 的司机对自己的停车技术缺乏信心，

如果你也是其中之一而又自知没有布莱克伯恩的数学头脑，不如学学另外 32% 的人的做法：找个收费贵的停车场吧！

数学鬼才佩雷尔曼

黄永明

假设你完全不知道地球的地理情况，你一次又一次派出远征的船队，这些船队接连发现新的大陆，直到已知大陆的数量增长到 6 块。可是你并不知道这是否就是地球上所有的大陆。你继续派出船队，前前后后出征了几百次，但是他们没有发现任何新的大陆。这时你提出一个猜想：**地球上没有更多的大陆了。**

这个猜想看起来很合理，但是它仍需要被论证。这时，格里戈里·佩雷尔曼出现了，他用完美的严密方式向你和全世界证明，地球上确实没有更多的大陆了。

以上是俄罗斯数学家米哈伊尔·格罗莫夫的一个比方。现实中的佩雷尔曼并不是一名地理学家，而是一名数学家。他在数学上所做工作的重要性完全不亚于上面的这个比方——他通过缜密的步骤证明了"庞加莱猜想"的正确性。

一

1966 年，佩雷尔曼出生于苏联的一个犹太人家庭，他的母亲是大学里的数学教师。

如何向孩子讲述生活的残酷，是常常令家长头疼的问题。佩雷尔曼的母亲选择了一种特别的方式——她把自己头脑中的正确世界当作真实的世界告诉年幼的佩雷尔曼。

社会生活中模糊的变数是佩雷尔曼难以理解的，这一点在他年幼时就已经形成。他的数学俱乐部老师鲁克辛每周会有两个晚上与佩雷尔曼一同乘火车回家。冬天的时候，佩雷尔曼会戴一顶苏联流行的皮帽子，在耳朵的部位，帽子有两块皮子，用绳子系紧之后能够防止耳朵受冻。鲁克辛发现，即便在温暖的车厢里，佩雷尔曼也从不解开绳子。"他不仅不会摘掉帽子，"鲁克辛在一本书中说，"他甚至不会解开帽子的护耳，他说不然的话，他妈妈会杀了他，因为他妈妈说了，不要解开绳子，不然就会感冒。"

鲁克辛曾经批评佩雷尔曼读书不够多，他认为他的职责不单是教孩子们数学，还应该教文学和音乐。佩雷尔曼就问鲁克辛，为什么要读那些文学书。鲁克辛告诉他，因为这些书是"有趣的"，而佩雷尔曼的回答是，需要读的书应该都被列在学校的必读书单上了。

由于看到佩雷尔曼这样的个性，鲁克辛作为一名数学竞赛的教练，他从来不用担心佩雷尔曼在数学训练中会存在"分心"的状况。佩雷尔曼确实从不分心。他的同班男孩们长大一些后开始与女孩子们接吻，鲁克辛就常常去抓他们，但佩雷尔曼从不对女孩子感兴趣。

佩雷尔曼的另一条行事原则是，必须讲出完整的事实，不然的话，他便认为那可能是政治。在参加全苏联数学竞赛的时候，每个学生收到一道题目，谁解出来了便对老师举手示意，然后老师把他带到教室外面。他把解法讲给老师，如果正确，老师就会发给他下一道题，如果错误，就继续回去做这道题，最终看谁在规定时间内解出的题目最多。有一次，佩雷尔曼解出了题目，老师把他叫到外面，他向老师解释一番之后，老师说了句"正确"便转身要回教室。可佩雷尔曼却把老师叫住，他说，这道题还有另外 3 种可能的结果！他坚持要把所有的可能性告诉老师。即使对于数学竞赛来说这样做等于浪费时间。

二

即便是在"怪人"云集的数学家群体中，佩雷尔曼也是一个特殊的"怪人"。他似乎永远都穿同一件衣服，胡子拉碴，不剪指甲——他认为这样才是指甲的自然状态。他的食物只有面包和酸奶。美国的面包对他来说可能并不好吃，好在他找到了一家售卖正宗俄罗斯（1991 年苏联解体）面包的商店，并且经常步行一段距离到那里买面包。因此，他把几乎所有的津贴都留在银行里（这为他积蓄了一笔钱，保证在后来的一段时间里他能在俄罗斯衣食无忧）。

佩雷尔曼一辈子都没有离开过他的母亲。在纽约做博士后期间，他的母亲随他来到美国，住在布鲁克林，照顾佩雷尔曼的日常生活。

1993 年，佩雷尔曼解决了数学上一个长期存在的问题——"灵魂猜想"。这是一个由杰夫·齐杰和另一名数学家提出来的猜想。在 20 年的时间里，已经有一些人写了长篇大论来分析这个问题，但仅仅做出部分的证明。佩雷尔曼则做了一个能够让所有人惊讶不已的完整证明——他只用了 4 页纸！

三

2004 年 5 月，佩雷尔曼回到了圣彼得堡，他与他少年时代的数学老师鲁克辛一起散步，他告诉老师，他对数学界感到失望。2005 年 12 月，在没有明确原因的情况下，佩雷尔曼辞去了俄罗斯科学院 Steklov 数学研究所的职务。

从此，佩雷尔曼"消失"了。他平时只与自己的母亲和老师鲁克辛交谈。"只要我不是惹人注意的，我就有选择。"有一次佩雷尔曼说道，"或者去做某种丑陋的事情，或者，如果我不做这种事，我就会被像宠物一样对待。现在，我成了引人注意的人，我不能再做保持沉默的宠物。这就是我要退出的原因。"

2006 年，因佩雷尔曼对"庞加莱猜想"的证明取得重大突破，国际数学联合会决定授予佩雷尔曼菲尔兹奖。这是数学界的最高奖项，有人称它为数学界的诺贝尔奖。但是佩雷尔曼拒绝了。国际数学联合会主席约翰·保尔飞到圣彼得堡，试图说服佩雷尔曼领奖，但是没有成功。

2000 年，克雷数学研究所宣布了 7 个"千年难题"，并承诺若有人解决任何一个难题，就奖励 100 万美元。其实在所长詹姆斯·卡尔森看来，此举在很大意义上是个噱头，他只是想通过这样的方式来激发人们对数学的关注，并没有指望这些问题中的任何一个能够在他的有生之年中得到解决，也没想到百万美元真的能够发出去。

几年之后，佩雷尔曼就解决了其中的一个。同时，佩雷尔曼也为卡尔森出了道难题：佩雷尔曼不答应领奖。

于是，卡尔森去了圣彼得堡。但是他没有见到佩雷尔曼。他怀着一线希望，通过电话与佩雷尔曼交谈，希望佩雷尔曼能够接受这 100 万美元。佩雷尔曼静静地听他讲，他一直是一个有礼貌的人。最后佩雷尔曼告诉卡尔森，他需要考虑一下，如果决定领奖，会第一时间通知克雷研究所的。

现在看来，佩雷尔曼的回答只是出于礼貌，他从一开始就没有打算去领奖。

英国《每日邮报》2010 年 3 月份的报道说，佩雷尔曼紧闭家门，在屋内对外面采访的记者说："我应有尽有。"

"佩雷尔曼对公共场面和财富的厌恶令许多人迷惑不解。"康奈尔大学数学家瑟斯顿在 2010 年千禧数学奖颁奖仪式上说，"我没有跟他讨论过这个问题，也不能代表他发言，但是我想说，我对他内心的强大与清晰感到共鸣并表示敬仰。他能够了解和保持真实。我们真实的需求位于内心深处，然而现代社会中的我们大多在条件反射式地不断地追逐财富、消费品和虚荣。我们在数学上从佩雷尔曼那里学到了东西。或许我们也应该暂停脚步，从佩雷尔曼对生活的态度上反思自己。"

最后的计算

王吴军

　　波莱尔是法国著名的数学家，他一生倾心于数学计算研究。他常常对别人说："数学计算是我的第一生命。"因为经常勤奋地研究数学计算，波莱尔积劳成疾，倒下了。

　　在波莱尔临终的时候，他的亲朋好友默默地守在他的身边，希望他能睁开眼睛再说些什么。时间一分一秒地过去了，波莱尔闭着眼睛躺在病床上，没有一丝气息。"看上去他的呼吸已经停止了。"有人小声说道。

　　其他人听到这句话，立即围到了波莱尔面前，大声呼唤着他的名字："波莱尔，波莱尔，你醒醒，你跟我们说句话吧……"

　　波莱尔的妻子一边用手轻轻地晃动着波莱尔的身体，一边流着眼泪说："亲爱的，难道你不想对我说些什么吗？"波莱尔依然悄无声息地躺在那里，闭着眼睛，一动不动。"让我来试一试。"波莱尔的好朋友季克尔博士走上前来，他弯下腰，在波莱尔的耳边轻轻说道："波莱尔，我问你，11 的平方是多少？"只见波莱尔慢慢睁开了眼睛，用微弱的声音回答："121。"

完成了这最后的计算，波莱尔闭上眼睛，与世长辞。

统计数字会撒谎

[美] 达莱尔·哈夫

廖颖林　译

　　我相信你不是一个势利小人，而我也并不从事房地产生意。但请让我们作这样的假定，并且假设现在你正在一条我熟知的街上看房子。

　　对你的情况进行了初步判断后，我巧舌如簧、费尽心思地让你相信附近居民的年收入大约有 10000 英镑。也许这增加了你居住于此的兴趣，不管怎样，买卖最终成交了，那美妙的数字也被牢记在你的脑海中。

　　你有那么一点势利，当与朋友聊天时，你就会不经意地流露出你居住的地点：我住在一个相当棒的高收入小区。

　　大约一年后，我们又见面了。作为某纳税者委员会的成员，我正在四处奔走，为降低税率、降低财产估价、降低公共交通费用而呼吁。

我的理由是：我们支付不起各种上涨的费用，毕竟，附近居民的平均年收入只有 2000 英镑。也许你会加入我们委员会的工作中来——这说明你不仅势利，而且还挺吝啬。但是，当听到那可怜的 2000 英镑时，你也禁不住大吃一惊。到底是我现在撒了谎呢，还是一年前撒了谎?

其实这两次你都无法怪罪于我，这便是利用统计撒谎的妙处。两个数字都是正规的平均数，计算方法也完全正确。两个数字都基于相同的数据，来自相同的居民，根据相同的收入。所有都是相同的，但显然至少其中一个数据令人误解，足以与弥天大谎相媲美。

我的花招是两次分别使用了不同的平均数，而"平均数"这个词有很宽泛的含义。当一个家伙希望影响公众的观点，或者向其他人推销广告版面时，平均数便是一个经常被使用的伎俩。虽然有时出于无心，但是更多的时候是明知故犯。所以，当你被告知某个数是平均数时，除非能更进一步地说出它的具体种类——均值、中位数还是众数，否则你对它的具体含义仍知之甚少。

当希望数值较大时，我所使用的 10000 英镑是均值，即附近居民收入的算术平均数。你只要将所有家庭的收入加起来并除以家庭总户数，便可得到该平均数。数值相对较小的是中位数，它透露了这样的信息：一半家庭的收入超过 2000 英镑，另一半家庭的收入不及 2000 英镑。我还可以利用众数，它是在所有家庭收入序列中出现次数最多的那个收入。例如，如果附近的居民中，年收入为 3000 英镑的家庭数多于其他收入的家庭数，那么收入的众数就是一年 3000 英镑。

在这个例子中，不合适的平均数实际上是毫无意义的。只要碰到收入数据，这种情况就经常出现。

数字如何说话

张退修

数字是一种最流通、最简单的共同语言，日常生活中，我们会碰到许多数字，也常以数字作为判断的依据，有时也常拿统计数字向人说明事情的状况或严重性，并说"数字会说话"，要人能相信你所说的话。

数字运用的五妙

以下提出五项数字运用的巧妙，并列举例子说明：

一、数字的运用

有一位病人向牙医抱怨："为什么看病时间花不到一分钟，却要付出这么多钱？"结果这位牙医说："假如你愿意，我也可以用 60 分钟慢慢拔。"当然医生也可能用一大堆理由，说明为何要收那么多的钱，但通过这样简单的数字，反而更容易点出技术高明的代价。

二、加法的运用

台塑集团董事长王永庆在说明用人的原则时，曾经说过："一个部门如果只需 5 个人，却用了 10 个人，这并不等于多了 5 个工作机会，而是这 10 个人将来都可能失业。"这就是不用说什么大道理，只用 5 等于 5，但 5 再加 5 等于零的结果来让你脱离窠臼，深刻体会经营者有其另一方面的社会责任观点。

三、减法的运用

美国《读者文摘》有一篇文章，大意为 5 只青蛙坐在木头上，4 只决定跳下来，木头上还有几只青蛙？答案是 5 只，因为决定和实际行动是两回事。这就是设下一个小陷阱，让你跳下后再上来，用 5 减 4 并不等于 1，来震撼你的思维，让你更能领悟大多数人都是坐而言，不能起而行。

四、乘法的运用

我们都认可"一个女人怀胎十个月可产下婴儿"的传统说法，但英国有位韩德尔说："十个女人怀胎一个月不可能产下婴儿。"这就是十乘一却不等于一乘十，把你转个弯，不但让人印象深刻，而且会莞尔一笑，说声"妙喻"。

五、除法的运用

有一位人事管理专家，就常以小时候老师考我们的算术问题，来说明组织内人员沟通协调的重要性，他说："一面墙一个工人砌，要工作十天，若是 5 个工人要工作几天？这个答案实际上通常不是 2，有可能是 1、3，或永远无法完成，因为我们知道人手多了以后，有可能发生三个和尚没水吃的结果。"这就是用十除一等于十，但十除五却不等于二的另类算法，把我们拉回真实面，不要还停留在小时候直线思考的模式上，本来人是活的，人是会思考的，不能用一般算法，还要加上合作的情况。

辨别数字真伪

懂得数字会说话的运用技巧后，遇到"数字说话"时，反而要更谨慎，不受所惑，要注意数字背后的话，也就是说学会剑术后，更要懂得不为剑所伤。因为数字有时也会说假话。

有位统计学家曾经说过："冬天时50℃的水温对人体最舒服，所以一只脚放在水温100℃的水盆里，另一只脚放在水温零度的水盆里，你会感到舒服。"这个例子说明有时数字也会说不可靠的话。例如，房地产的广告："离车站五分钟"，这些经过加工或包装的数字，里面都有问题，其中计算的基础是什么？

最后，让我们尝试用数字帮佛陀说话："老张和老王常去大安森林公园散步运动，享受大自然，老张拥有的资产在扣除负债后约有新台币200万元，老王是大企业家，大约拥有新台币10亿元；如果以大安森林公园土地及建造成本估算，假设约值新台币2000亿元，用此估算两人各拥有的大安森林公园'可享用资产'，老张是新台币2000.02亿元，老王是新台币2010亿元，两人差异仅为0.5%，如果再扩大此算法，两人间的财产差异值将更小，佛说众生平等，真的是有根据。"你会受我所惑吗？

让做假账者胆寒的定律

朱帆远

从常理上说，世界上千千万万的数据（非零开头）的开头数字是 1 到 9 中的任何一个数字，而且每个数字打头的概率应该差不多。现在，请你随便找本书，比如物理课本或者数学课本，统计一下上面的各种数据的开头数字，看看是否符合我们的设想。

如果你统计的数据足够多，你就会惊讶地发现，打头数字是 1 的数据最多，大约占了所有数据的 1/3 左右，打头是 2 的数据其次，往后依次减少。难道是人们对 1 情有独钟，把它时常写在数据的最前面吗？

肮脏的对数表书页

首先要恭喜你，你发现了数学上的一个有趣的定律，这就是本福特定律。据说这个定律在 1881 年首先被一位天文学家在分析数据的时候发现，但是当时的科学家并没有把这个发现当回事。直到 1935 年，美国的一位叫本福特的物理学家重新发现了这个定律。当时，他在图书馆翻阅对数表时发现，对数表的头几页比后面几页更脏一些，这说明头几页在平时被更多的人翻阅。这并不奇怪，因为许多读书的人都先看看书的开头，不喜欢就不再读下去。但是，对数表却是一种数学工具，只有需要查数据的人才会去碰它。因此，头几页如果比较脏，这就说明人们查阅的数据大多在头几页里，也反映出人们使用的数据并不是散乱的，而是有些数据使用的频率高。

本福特再进一步研究后发现，只要数据的样本足够多，同时数据没有特定的上限和下限，则数据中以 1 为开头的数字出现的频率并不是人们想当然认为的 1/9，而是 0.301，这说明 30% 的数字都以 1 开头。而以 2 为首的数字出现的频率是 0.176，3 打头的数字出现的频率为 0.125，往后出现频率依次减少，9 打头的数字出现的频率最低，只有 0.046。这个规律甚至能用一个数学方程来表示。

除了对数表，其他类型的数据是否也有这样的现象呢？本福特开始对其他数字进行调查，发现各种完全不相同的数据，比如人口、死亡率、物理和化学常数、棒球统计表、半衰期放射性同位素、物理书中的答案、素数数字以及斐波纳契数列数字中，均有这个定律的身影。

定律成因之谜

本福特定律在生活中很常见，但是为什么人们使用的数据会有这样的现象呢？几十年来，人们提出了一些猜想来解释这个现象。

1961 年，一位美国科学家提出，本福特定律其实是数字累加造成的现象。比如，人们用千米作为河流的长度单位时，显然长度在 1000~2000 千米的河流（长度数据开头是数字 1）要多于 2000~3000 千米的河流（长度数据开头是数字 2），小河流很多，而大河很少，因此河流的数据满足本福特定律。同样，以英里、光年、微米、尺等作为长度单位的数据也都满足这一定律。

即使没有单位的数字，只要有累进递加，本福特定律就会出现。

比如，假设股票市场上的指数一开始是 1000 点，并以每年 10% 的速度上升，那么要用 7 年多时间，这个指数才能从 1000 点上升到 2000 点的水平；而由 2000 点上升到 3000 点只需要 4 年多时间；由 9000 点上升到 10000 点所需的时间更短，只要 1 年多就可以了。但是，如果要让指数从 10000 点上升到 20000 点，还需要等 7 年多的时间。因此我们看到，以 1 为开头的指数数据，出现的频率比以其他数字打头的指数数据要高很多。

这个解释似乎很合理，但是却不能解释对数表，因为对数表中的数据既没有单位，也不存在什么累加的现象，只是对所有的数字取对数得到的大量数值，里面却出现了规律性的东西。看来，本福特定律产生的真正原因并没有得到揭示。

此外，还有一些生活中的数据并不符合本福特定律。比如，人们研究了彩票的中奖号码，发现里面并没有这样的规律，否则数学家就可以利用该规律增加自己中奖的概率了。到底什么样的数据会出现本福特定律，什么样的数据中没有本福特定律？这个问题同样让数学家难以解决。

抓住做假账者的手

虽然本福特定律不能让买彩票的人发财，但是在生活中却可以发挥作用，让做假账的人现出原形。

数学家发现，账本上的数据的开头数字出现的频率符合本福特定律，如果做假账的人更改了真实的数据，就会让账本上打头数字出现的频率发生变化，偏离本福特定律中的频率。

非常有趣的是，数学家发现，在那些假账中，数字 5 和 6 居然是最常见的打头数字，而不是符合定律的数字 1，如果审核账本的人员掌握了本福特定律，伪造者就很难制造出虚假的数据了。2001 年，美国最大的能源交易商安然公司宣布破产，当时传出了该公司高层管理人员涉嫌做假账的丑闻。事后人们发现，安然公司在 2001 年到 2002 年所公布的每股盈利数字就不符合本福特定律，这证明了安然的高层领导确实改动过这些数据。

最近数学家还把本福特定律用于选举投票中。票数的数据也符合这个定律，如果有人修改选票数量，就会露出蛛丝马迹来。数学家依据这一定律发现，在 2004 年美国总统选举中，佛罗里达州的投票存在欺诈行为；2004 年委内瑞拉和 2006 年墨西哥的总统选举中也有篡改选票数量的现象。

虽然本福特定律的形成原因还没有最终解释，但这并不妨碍人们把它应用到越来越多的生活领域中，帮助人们伸张正义、去伪存真。

数学家的生活趣事

萨　苏

　　徐迟先生的一篇精彩报告文学，让中国老百姓认识了一个叫"陈景润"的数学家，带动了一代小儿女，信誓旦旦地要当数学家。陈景润先生走路撞树，或者张广厚先生吃馒头蘸墨水之类的逸闻更为广大人民群众所熟知。

　　因为我父亲在数学所工作，我从小就住在数学所的宿舍，所以，我眼中所见，那些数学家工作时专注过火是有的，但离开数学他们都和大伙儿一样，平常得很。

王元用数学知识买瓜

　　中关村每到盛夏，82 楼门口总有个大号的西瓜摊，摊主是个歪脖子大兴人,姓魏,挑西瓜不用敲,用耳朵贴上听,十拿九稳。因为这个绝活儿,在中关村的小摊贩里位列八大怪之一。大概是 1987 年或 1988 年,我爹让我去买西瓜,我骑上车,直奔魏歪脖的瓜棚子——毕竟他的瓜好。一看买的人不少,正要往里挤,忽然看到有两位熟悉的人物,也在挑西瓜呢。谁呢?数学家王元先生和太太,两位一边挑一边算价钱呢。

魏歪脖的西瓜卖得好,不免有些"作怪"。不称重,分大瓜小瓜卖,大瓜 3 块一个,小瓜 1 块一个。

看到大瓜小瓜尺寸差别不是很大,很多人都拼命往小瓜那边挤。

王太太好像也是这样,却听见王元先生说:"买那个大的。"

"大的贵 3 倍呢……"王太太犹豫。

"大的比小的值。"王先生说。

王太太挑了两个大瓜,交了钱,看看别人都在抢小瓜,似乎又有些犹豫。

王先生看出她犹豫,笑笑说:"你吃瓜吃的是什么?吃的是容积,不是面积。那小瓜的半径是大瓜的 2/3 稍弱,容积可是按立方算的。小的容积不到大的 30%,当然买大的赚。"

王太太点点头,又摇摇头:"你算得不对,那大西瓜皮厚,小西瓜还皮薄呢,算容积,恐怕还是买大的吃亏。"

却见王先生胸有成竹,点点头道:"嘿嘿,你别忘了那小西瓜的瓜皮却是 3 个瓜的,大西瓜只有 1 个,哪个皮多你再算算表面积看。"

王太太说:"头疼,我不算了。"两个人抱了西瓜回家,留下魏歪脖看得目瞪口呆。

钟家庆 "羞于见人"

钟家庆研究员和我爹曾是课题搭档。钟为人侠义正直，敢说敢为而又懂得办事的方式方法，和上上下下相处时锋芒毕露而又游刃有余，是知识分子中少有的活跃人物。

有一天，我爹所在的数学所分橘子，每人一箱，所里住平房宿舍的人多，钟先生就带着几个学生拉着板车给大伙儿送。那天天热，钟先生光着个膀子，只剩一件二指背心，他喜欢游泳，全身晒得又黑又红。

他好像有事和我爹讲，所以把学生和板车打发走。他帮着把橘子搬进我家，抓了一个橘子，正用嘴撕着扯掉橘子皮的时候，有一个目光炯炯的小丫头凑上来了，问：大爷，您知道钟家庆钟老师在哪儿吗？

我爹听见了，刚要介绍，又打住了。他虽然迂，但是并不傻，看看钟先生，晒得像个黑炭头，二指背心大裤衩子，嘴里叼着一个橘子，这……这什么形象啊！

幸好我爹没说什么，钟先生马上就接茬儿了——唔，他不住这院儿啊。

那小丫头说：大爷，刚才碰上他的学生，说他在这儿呢，您能帮我看看他在不在这院吗？求您了，我想找机会见见钟教授，我从武汉来的。

啊……钟先生好像也不知道该怎么回答了。他回头看见我爹，忽然眼睛一亮，像看见救星一样，冲我爹一指，说，哦，我是蹬三轮的，不认识什么钟家庆，你问他吧，他住在这儿，可能知道。说完，钟先生掉头就跑，把我爹给撂在那儿了。

唔，你找他什么事啊？

我是从武汉来的，我要考他的研究生。您认识钟教授吗？

唔，认识，你认识他吗？

当然啦，您看我这个包。打开包，我爹看到厚厚一本剪报，都是钟先生参加会议、授奖颁奖的报道和照片，钟先生西装革履，神采奕奕。

我爹就只会唔唔了。

那小丫头还问呢：你们科学院的研究员都住在哪儿啊？我来这儿好几天了，怎么一个教授都没看见呢？

这时候，她后面有一个搬橘子的，是吕以辇研究员，也是二指背心的形象……

好歹把小丫头哄走了，我爹和钟先生一说，钟先生就跳起来了，不行不行，我那天那个形象，怎么见这个学生啊！我爹说要是人家考上了，你能不要？

钟先生那些日子就很苦恼，直到发榜，那小丫头的分数没有上线，才松了口气。那个小丫头后来去了兰州，多次给钟先生来信，讨教问题，兼以一叙崇拜之情，钟先生非常热情认真地回复，对她极尽帮助指点，但始终不肯和这学生见面，直到钟先生去世。

左手画方右手画圆

我爹是数学所的普通人士，后来又半道出家去了其他领域工作了，就不再介绍他的真实姓名了。

我爹的记忆力十分惊人，学打扑克我爹就占了上风，一盘"争上游"下来，没弄明白规则，一不留神，就用上了他那个背100位圆周率不打磕巴的怪脑袋，问人家：第三轮出牌，你为什么出10、J、Q啊？

人家说为什么不能出呢？我爹说你第九轮还出了一个梅花Q，为什么把两个Q破开呢？教牌的人一愣，您记得这么清楚？老爷子说凑合吧，短短一局牌嘛。人家说那从头到尾我们打的牌您都记得？我爹点点头，

钱明钧 图

就从出一对三开局，一直说到了结尾某人连甩三条大顺子。打牌的人频频吃惊点头，我娘当场崩溃，高挂免战牌。

我娘虽然没有黄帮主的资质，但聪明也是称得上的，高考数学、物理满分，从小我们玩的布袋木偶都是我娘自己做出来的，有兔子、八戒还有孙悟空。按照我娘恩师刘素校长的说法，我爹除了记忆力惊人以外别无所长，学什么东西我娘总比我爹快得多，两人比起来那整个一个龟兔赛跑。

有一天，我想起周伯通教郭靖双手互搏，入门课是一手画方，一手画圆，结果是一根筋的郭靖一学就会，而聪明百变的黄蓉却是无论如何过不了这一关。实际上后来在同学中试验，发现绝大多数人都是不成的，无论聪明与否。

跟老太太一说，有个智力测试，如此如此，果然把我娘的兴趣勾了起来。

半个小时以后，我爹回来，看见一大沓被糟蹋掉的白纸，好奇地问：你画这么多梨子做什么？

问明原委后，我爹随手抓过笔来，左手如山，右臂如弓，抬手就画，再看，赫然是左方右圆！

惊奇中，我爹摆摆手道："这有什么新奇，当初我们到德国学习计算机原理课程，GMD 的教授有个练习就是让我们左手写英文，右手写德文，体会计算机分时系统的工作方式呢。"

"您练了多久？"

"一个月以后才像点儿模样。在国外举目无亲的，做点儿这种练习免得想家。"

"一个月啊？"

"那也得看谁"，我爹眯起眼睛说，"回国了我传授课程，也拿这个做例子，结果有人当场就做出来了，还加上了发挥。"

"谁啊？"

"吴文俊啊，下课就上来在黑板上练起来。"

吴先生德文稍差，英文法文都好，所以是左手英文，右手法文，居然是洋洋洒洒。

而内容，竟是现场翻译《红灯记》选段！嘴里还唱着《莫斯科郊外的晚上》。

天，这哪儿是双手互搏，这是四国大战啊！

绝妙的雷劈数

小 照

有位外国数学家叫卡普利加，在一次旅行中，他看到路边一块里程碑被雷电劈成两半，一半上刻着 30，另一半刻着 25。他忽然发现了一个绝妙的数学关系——

30+25=55

55^2=3025

把劈成两半的数加起来，再平方，正好是原来的数字。除此之外，还有没有别的数，也具有这样的性质呢？

熟悉速算的人很快就找到了另一个数——2025。

20+25=45

45^2=2025

按照第一个发现者的名字,这种怪数被命名为"卡普利加数",又称"雷劈数"。

现在已有许多办法搜寻这种数,但最简便的办法是在 9 与 11 的倍数中寻找。例如上面提到的 55,它是 11 的倍数,45 是 9 的倍数。用这种办法,人们果然找到了一个极其有趣的数——7777。

$7777^2=60481729$

$6048+1729=7777$

俄罗斯一个小朋友卡嘉也发现了一个新的雷劈数,它是 9801。

$98+1=99$

$99^2=9801$

从以上提到的 4 个雷劈数,我们不难发现同一情况:偶数加奇数会得到一个奇数,奇数的平方还是奇数。有没有偶数雷劈数存在呢?

答案是肯定的。泸州师范附小的一位同学,就发现了偶数雷劈数 100。

$10+0=10$

$10^2=100$

经过验证,100 是最小的偶数雷劈数,也有可能是唯一的偶数雷劈数。这位同学还发现了最小的奇数雷劈数 81。

$8+1=9$

$9^2=81$

自然数中存在着无穷的奥秘,雷电劈出了卡普利加数,这仅仅是沧海一粟而已,把这些无穷的"粟粒"汇集起来,就成为数学中一门丰富多彩的分科——数论。

关于黄金分割，你知道吗

佚 名

黄金分割的符号"Φ"，读作"fei"，是巴特农神庙的设计者菲迪亚斯名字的首字母。

欧洲的考古学家最早在原始人留下的石刻中的原始动物像上，发现了黄金分割比例。

法国巴黎圣母院的正面高度和宽度的比例是 8 ：5，它的每一扇窗户的长宽比例也是如此。

埃菲尔铁塔的第二个观光台是它的黄金分割点。

联合国总部大楼每 10 层的高和宽的比，构成黄金分割比。

美国加州大学洛杉矶分校最热门的专业是牙科，他们最近研究出了最美丽的门牙标准——两颗门牙的宽度与高度比为 1.618。

德国画家丢勒特别热爱黄金分割，据说他自己的脸也符合黄金分割比。

没错的奥数错在哪

黄静洁

昨日读到了《新闻晨报》上的一段报道，令我想起了我之前写的一篇《扔掉万恶的奥数》所引起的激烈争论：其中有反奥、挺奥的，有从崇拜奥数现象看到教学本质错误的，更有抱着民族主义的狭隘观点来点评的。今天我们来看看一个奥数高手，如何被世界顶尖名校 PK 掉的真实故事吧。

常春藤学府之一的宾夕法尼亚大学正在中国各地为其国际特训班招生，其中出现了一位奥数尖子，然而因为一段平常的对话，宾夕法尼亚大学十分干脆地拒绝了这位尖子生。（A：宾夕法尼亚大学教授，B：奥数高手）

A："你读书读得那么好，是为了什么？"

B："为了挣钱。"

A："那挣钱又是为了什么？"

B："为了周游世界。"

A："除了周游世界还想干什么？"

B："还可以买房子。"

A："买了房子还想干吗？"

B："和父母一起住……"

在反复品读这段对话之后，我想与大家进一步讨论"没错的奥数究竟错在了哪里"。

奥数尖子为何输

一个能进入美国常春藤盟校的孩子，可以享受很多优秀的社会资源，全球优秀的教师、学术界和商政界优质的合作平台、一流的人文环境、优先的实践和工作机会等。但这样的机会到底应该给予谁？常春藤盟校早已有了非常合理的规章制度：学习成绩占 40%，综合素质占 40%，价值观占 20%。其中非"分数"评估占了 60%。这位奥数尖子的价值观明显地被打了零分，而宾夕法尼亚大学就是基于这 20 分空白区决定放弃一位学习尖子。因为他们明白，绝不能把社会给予的机会白白送给一个眼里只有小我，一心想读书后"自己能挣大钱""自己能周游世界""自己父母能安逸舒适"的自私鬼。

所以，无社会责任感、不懂回报他人、缺乏自我独立意识的孩子，绝对不是西方名校要的"优质人"！

"优质人"的标准是什么

然而另一位与奥数高手同场面试、在高考中分数并不靠前的女生，却因为40%的综合素质和20%的价值观而受到了宾夕法尼亚大学的青睐。

宾夕法尼亚大学教授总结她入围的原因，主要是具备几个"力"以及"懂得给予他人"：

1. 行动力。她从高一开始喜欢小提琴并进行系统学习，两年里考到了六级，说明她对自己想做的事情非常主动，竭尽全力。

2. 领导力与创造力。她带着一群比她年长的大学生和她一起进行小提琴创作，经常由她通过网络发起小型音乐会，推广他们自己的原创音乐，小小年纪就颇有领袖风范。

3. 沟通力。在与面试教授谈论音乐理想时，她侃侃而谈，全情投入，还配合自己做的音乐会进行实况讲解。

4. 懂得给予他人，不自私。当面试结束，大家离开接待区时，这个孩子走在最后，她注意到椅子横七竖八的，就一个人默默地把椅子摆齐了。

如出一辙，同为常春藤学府的哈佛大学和普林斯顿大学在评判"优质人"时，要求所必须具备的品质有：

具有清楚的思维、表达、写作能力

有形成概念和解决问题的能力

具有独立思考的能力

具有敢于创新和独立工作的能力

具有与他人合作的能力

熟悉不同的思维方式

所以从常春藤盟校的择人规则可以看出，整个西方社会评判"优质人"

的标准:高分之外，还应具备行动力、领导力、创造力、沟通力、协作力、理解力，具有无私、博爱的人文精神，懂得给予、知晓回报社会等综合素质。

教育制度决定价值观

与常春藤择优标准相反，国内名校疯抢奥数高手，觅到一个录取一个，当个宝一样捧在手心里。造成这样的反差的原因，归根结底是不同的教育理念推崇不同的社会价值观所造成的。

中国的教育制度，不仅放弃了对孩子价值观的早期培养，还强行扭曲了教育的定位。应试的教育制度潜移默化地让家长和孩子认定：

读书的理由是高考，高考的目的是工作，工作的结果是创造身份和地位，有了前（钱）途便会受人尊敬。这样的教育理念很大程度上已经不能够服务于教育本应服务的对象：即我们每个人身系其中的社会。

如果我们的教育偏向于制造出更多的这类"奥数尖子"，并让他们成为莘莘学子的求学榜样，那么我们的社会将为越来越多的"为了挣钱""为了周游""为了买房"的年青一代付出沉重的代价。中国再大，也将被一群群"小我"的人啃咬吞噬。

奥数并没有错，但它不是衡量教育水平和人才的唯一标准，更不应该成为"优质人"的敲门砖。

4 等于 3 的理由

朱慧彬

我所在的企业拥有 10 多名研究生，100 多名本科生，200 多名专科生，产、供、销、人、发、财各部门皆人才济济，特别是开发部门，拥有设计总监 3 名、副总监 4 名，每名总监的月薪都不下 2 万元，人工成本自然相当高。可是令老总头疼的是，实力雄厚的开发部门这个龙头却怎么也雄不起来。新产品的市场接受率并不高，特别是在近年市场疲软的情况下，企业更显得束手无策。

一日，我带着问题咨询一位做了 10 年成本管理的朋友："你说，像我们这样的公司问题出在哪儿呢？"

他笑而不答，忽然问我："4=3，你相信吗？"

稍有数学常识的人都不会相信，于是我大力摇头，一口咬定："不信！"

朋友笑了笑，拿出笔解析给我看。

假设 A+B=C，求证 4=3。证明：A+B=C，那么，（4A-3A）+（4B-3B）=（4C-3C）

整理方程式：4A+4B-4C=3A+3B-3C

朋友停顿了一下，问我是否正确，我点点头："没错！"

朋友一笑："别着急，请再往下看。"

提取公因式，4（A+B-C）=3（A+B-C）

去掉同类项：4=3，什么？我顿时蒙了。怎么会这样呢？

随后，我便开始反思，这道题到底错在哪儿？从什么时候开始出错？

朋友见我拍脑袋想了老半天也没有答案，他又笑着揭开了谜底：

假设 A+B=C，那么 A+B-C=0 由于任何自然数与零的乘积都等于 0，所以，通过假设，就把 4 和 3 推向了 0。

这个答案实在太简单了。而事业成败就貌似这样简单的一道数学题。我悟到：如果把 A 和 B 看做成就一项事业所需的人才成本基数，把 3 和 4 看做企业配比的量，那么 C 就好比总收益。通常我们以为拥有的人才越多，效益指数就会越高。但当我们的人才朝着不同方向运动时，也就是目标不一致时，就如同"去掉了同类项"，我们得到的收益可能就是 0，甚至是负数，而 3 和 4 就会变得毫无意义。这还不是问题的关键，问题的关键是，投入了巨大的成本之后，自以为胜券在握的我们最终发现，所有的努力都白费了，甚至陷入成本黑洞时，我们仍然不肯相信，也不知道自己错在哪里，从什么时候开始出错，就像不相信在一定条件下"4=3"一样。

植物的数学奇趣

祁云枝

人类很早就从植物中看到了数学特征：花瓣对称排列在花托边缘，整个花朵几乎完美无缺地呈现出辐射对称形状，叶子沿着植物茎秆相互叠起，有些植物的种子是圆的，有些是刺状，有些则是轻巧的伞状……所有这一切向我们展示了许多美丽的数学模式。

著名数学家笛卡儿，根据他所研究的一簇花瓣和叶形曲线特征，列出了 $x^3+y^3-3axy=0$ 的方程式，这就是现代数学中有名的"笛卡儿叶线"（或者叫"叶形线"），数学家还为它取了一个诗意的名字———茉莉花瓣曲线。

后来，科学家又发现，植物的花瓣、萼片、果实的数目以及其他方面的特征，都非常吻合于一个奇特的数列——著名的斐波那契数列：

1、2、3、5、8、13、21、34、55、89……其中，从3开始，每一个

数字都是前二项之和。

　　向日葵种子的排列方式，就是一种典型的数学模式。仔细观察向日葵花盘，你会发现两组螺旋线，一组顺时针方向盘绕，另一组则逆时针方向盘绕，并且彼此相嵌。虽然不同的向日葵品种中，种子顺、逆时针方向和螺旋线的数量有所不同，但往往不会超出 34 和 55、55 和 89 或者 89 和 144 这三组数字，这每组数字就是斐波那契数列中相邻的两个数。前一个数字是顺时针盘绕的线数，后一个数字是逆时针盘绕的线数。

　　雏菊的花盘也有类似的数学模式，只不过数字略小一些。菠萝果实上的菱形鳞片，一行行排列起来，8 行向左倾斜，13 行向右倾斜。

　　挪威云杉的球果在一个方向上有 3 行鳞片，在另一个方向上有 5 行鳞片。

　　常见的落叶松是一种针叶树，其松果上的鳞片在两个方向上各排成 5 行和 8 行，美国松的松果鳞片则在两个方向上各排成 3 行和 5 行……如果是遗传决定了花朵的花瓣数和松果的鳞片数，那么为什么斐波那契数列会与此如此的巧合？这也是植物在大自然中长期适应和进化的结果。因为植物所显示的数学特征是植物生长在动态过程中必然会产生的结果，它受到数学规律的严格约束，换句话说，植物离不开斐波那契数列，就像盐的晶体必然具有立方体的形状一样。由于该数列中的数值越靠后越大，因此两个相邻的数字之商将越来越接近 0.618034 这个值，例如 34/55=0.6182，已经与之接近，这个比值的准确极限是"黄金数"。

　　数学中，还有一个称为黄金角的数值是 137.5°，这是圆的黄金分割的张角，更精确的值应该是 137.50776°。与黄金数一样，黄金角同样受到植物的青睐。

　　车前草是西安地区常见的一种小草，它那轮生的叶片间的夹角正好是 137.5°，按照这一角度排列的叶片，能很好地镶嵌而又互不重叠，这是植物采光面积最大的排列方式，每片叶子都可以最大限度地获得阳光，从而有效地提高植物光合作用的效率。建筑师们参照车前草叶片排列的数学模型，设计出了新颖的螺旋式高楼，最佳的采光效果使得高楼的每个房间都很明亮。1979 年，英国科学家沃格尔用大小相同的许多圆点代表向日葵花盘中的种子，根据斐波那契数列的规则，尽可能紧密地将这些圆点挤压在一起，他用计算机模拟向日葵的结果显示，若发散角小于137.5°，那么花盘上就会出现间隙，且只能看到一组螺旋线；若发散角大于 137.5°，花盘上也会出现间隙，而此时又会看到另一组螺旋线，只有当发散角等于黄金角时，花盘上才呈现彼此紧密镶合的两组螺旋线。

所以，向日葵等植物在生长过程中，只有选择这种数学模式，花盘上种子的分布才最为有效，花盘也变得最坚固壮实，产生后代的概率也最高。

趣味的身体数字

苏 冼

心脏只占人体体重的 0.5%，但功能却很大，能以每秒 8 米的速度喷出血流，一分钟使血液流动 500 米，一小时约 30 公里，一昼夜 700 公里，一年 25 万公里。60 年血液流经的距离 1.5 亿公里，等于绕地球赤道 375 圈。

每一秒钟内，人的脑部会发生大约 10 万种不同的化学反应，形成思想、感情及行动。

当一个精子与一个卵子结合时，由于各个染色体的可能组合，一对夫妇生出不同类型的子女的机会，可达到 70 多亿种。

眼睛蒙黑一分钟，它对光的敏感程度就增加到 10 倍；蒙黑 20 分钟增加到 6000 倍，蒙黑 40 分钟增加到 25000 倍。人的眼睛能在漆黑的夜间看见 20 公里以外的烛光。人的眼睛可以辨别超过 800 万种深浅不同的色调。

舌头上的每一个小乳头，都含有 250 颗味蕾，而每一颗味蕾只能尝辨一种味道。甜、酸、咸、苦分别由不同味蕾来辨别。

人的全身皮肤重量相当于人体重量的 20%。成年人皮肤总面积平均为 17 平方米，每平方厘米皮肤平均由 200 万个细胞组成。

1 平方厘米的皮肤中有 100 根汗腺、12 根皮脂腺、4 米神经纤维、150 多根神经末梢和近 1 米长的血管。

额上长出一条皱纹，那至少要皱眉达 20 万次。

数学家与诗人

蔡天新

数学家和诗人都是作为先知先觉的预言家存在于我们的世界上。只不过，诗人由于天性孤傲被认为狂妄自大，数学家则由于超凡脱俗为人们敬而远之。因此，在文学艺术团体里，诗人往往受制于小说家，正如在科学技术协会里物理学家领导数学家。但这只是表面现象。

"我做不了诗人，"晚年的威廉·福克纳彬彬有礼地承认，"或许每一位长篇小说家最初都想写诗，发觉自己写不来，就尝试写短篇小说，这是除诗以外要求最高的艺术形式。再写不成的话，只有写长篇小说了。"相比之下，物理学家并不那么谦虚，但无论如何，对每一个物理学家来说，物理认识的增长总是受到数学直觉和经验观察的双重制约。物理学家的艺术就是选择他掌握的材料并用其为自然规划出一幅蓝图，在这个过程中，数学直觉是不可或缺的。一个不争的事实是，数学家改行研究物理、计算机或经济，就像诗人转而写小说、随笔或剧本一样相对容易。

数学通常被认为是与诗歌绝对相斥的，这一点并不完全正确，可是不可否认，它确有这种倾向。数学家的工作是发现，而诗人的工作是创造。画家德加有时也写十四行诗，有一次他和诗人马拉美谈话时诉苦说，他发现写作很难，尽管他有许多概念，实际上却是概念过剩。马拉美回答：“诗是词的产物，而不是概念的产物。”另一方面，数学家尤其是代数学家则主要搞概念，即把一定类型的概念组合起来。换句话说，数学家运用抽象思维，而诗人的思维方式较为形象，但这同样不是绝对的。

选择题

程　玮

当第一阵来自南方的风吹过来的时候，我就开始启动抵抗花粉过敏的程序了。懒得去找医生开药方，直接去药店买抗过敏药。想到每年都吃同样的药，开口就让人家给我一个大号盒子，免得次年再麻烦。

卖药的女孩子告诉我，我想买的抗过敏药有两种大盒子，一种是50粒一盒，一种是100粒一盒。我狠狠地告诉她，100粒。她又补充说，50粒盒装的正在减价，10欧元一盒，而100粒盒装的是正常价格，30欧元一盒。算起来，买前一种盒装的，便宜了三分之一的价格。她让我考虑一下，到底买哪一种。

我看了这个看上去很聪明伶俐的女孩子一眼，忍不住暗笑，非此即彼，这个世界上恐怕只有德国人才会问出这样弱智的问题。我毫不犹豫地回答，这很简单，我买两盒50粒装的。

女孩子显然没有想到，这个选择题还有第三种做法。她愣了一下，有点不好意思地笑起来，然后轻声细语地向我解释说，她不是不想卖给我，只是，眼下正是花粉过敏的高发时节，想买这种药的人很多。

为了减轻患者的负担，药店进行了优惠。50粒盒装的吃一个花季正好够了。与其让药在家里闲放一年，还不如到明年需要的时候再买……慢慢地，我听出了她想表达的真实意思。其实她就是想说，这样的优惠，应该让更多的人享受到。我很惭愧地感谢她的提醒，重新回到她的选择题，做了选择。

梁 亮 图

走出药店的时候，我深深鄙视自己当时灵机一动的小聪明。自我第一，丝毫不为他人着想，这样的思维方式是多么根深蒂固！由此想起中国人在国外代人买奶粉，受到很多商场的抵制。我猜想，在有些地方，并不一定是奶粉供应不足。人们反感的是那种毫无顾忌搬空货架上的所有奶粉的人，及丝毫不为他人着想的行事方式。有个年轻的母亲告诉我，去超市买奶粉的时候，如果货架上只剩两罐奶粉的话，她一定只拿一罐，留下一罐给别人。

为他人着想，是我们在幼儿园就开始学习的道理。我们是否真的学会了呢？

数学本无性别

张圣容

我在西安出生,在那里长到3岁,随父母去了香港,再由香港去了台湾,1970年从台湾大学数学系毕业。我选学数学,是受杨振宁的影响。杨振宁那时刚拿了诺贝尔奖,很有名,他到台湾开暑期数学研究课程。他说,他要是年轻人,就会学数学,因为"数学呈放射性发展,有很多方向,前途很光明"。

从台湾大学毕业后,我来到加州求学。在加州大学伯克利分校读书时,我才发现,到了高等数学这个层次,男性是占主导地位的,女性非常少。人数少的确吃亏,这意味着你失去了自然而然与人交流的机会。男性之间可以自然发展友谊,勾肩搭背一起去喝杯酒,但对女性来说,这不是一件自然的事。这件事首先得自己去主动克服,突破那种孤立落单的状态。

其实在数学领域，你和别人聊进去了，就会逐渐忘记自己是男性还是女性。可刚开始彼此会对性别有所在意，而一旦真正谈到数学的关键问题，性别根本不扮演任何角色，就像辩论，它是思维的交锋。只是，要想舒服地开始交流，需要女性在这方面做出主动努力；只要跨过了那条界限，就不再有任何障碍。越好的数学家性别意识越淡漠，完全是知识的对流，你的唯一挑战是达到足够高的数学水平，完全不是性别的问题。

我是做数学分析出身的。后来成为我先生的人与我在同一个研究所，他的研究方向是几何。我们在一起、成为恋人和刚结婚的时候并没有交流过数学，直到我们认识十年后，才开始讨论彼此的研究兴趣。我们现在做的是几何分析，用分析的方法做几何，多半是他做几何部分，我做分析部分。女性的空间思维能力并不弱于男性，有时观念、环境和培养的因素影响了我们对女性能力的认知。我非常欣赏的一位女数学家卡伦·乌伦贝克就是几何专家，她的工作原创性非常高。对杰出的数学家来说，应用和发展知识还不是最重要的，原创性才是第一位的。

在职业数学家道路上，女性起步的确会有些艰难，我那时也是。刚毕业，我和我先生两个人在一起。先生的导师对我们很好，给我们的工作推荐信上都写明了我们俩是夫妻，结果却是我们俩都找不到工作。40年前，还没有任何大学愿意接收一对夫妻来工作。眼看着我的同学在2月份都有了工作，我先生到4月才收到莱斯大学的一份工作邀请，我就叫他去，然后我拿到了一份布法罗大学的工作邀请。这样，博士一毕业，我们就一个在美国东岸，一个在美国南边，相隔三千里。到了圣诞节，我从布法罗飞到休斯敦去看他。到了休斯敦，那里有个数学系的老教授看到我非常惊讶。他认为，既然我已选择在布法罗工作而没有追随先生到休斯敦，那我们事实上应该已经分手了，没想到我们还维持着婚姻关系。

于沁玉 | 图

莱斯大学一直没有给我任何位置，连访问的机会也没有，因为他们对我的期待就是追随丈夫。我却根本没有这么想，先生也鼓励我，追逐理想、继续工作。分开好几年后，我们才慢慢把工作找在一起。之前的那段时间的确很挣扎。

我毕业后6年中换了6份工作，都在不同的地方。有些地方可以留我两三年，但这已不是一个人的问题，而是两个人的问题。有时我迁就先生，有时他迁就我，两个人都换来换去，为的是彼此能离得近一些。到了第六年，我们才在加州安定下来，我也如期在加州大学洛杉矶分校拿到终身教职。我是在拿到终身教职后生的孩子。那时终身教职是按毕业程序来评，并不难，但现在变得非常难了。

女性数学家在人生路上难免有挣扎。现在仅博士后就得做很长时间，女性很难等到拿到终身教职后再生孩子，那样年龄就太大了。我的女学生通常进入终身教轨就生孩子，那也已是三十五六岁的年龄，然后再等终身教职。对大学和学术界来说，终身教职制度变得对女性很不利，使得现在的女性做数学研究反而比我们那个时候难。这个制度要求你在毕业后五六年之内进入终身教轨，否则就一直没有终身职位。而博士毕业时通常二十七八岁，接下来的五六年对女性来说，刚好是考虑婚姻问题、生育问题的时间。而职业数学家事业起步时，做博士后都是这里一两年、那里一两年，地点换来换去。如果一名女性在博士阶段已结婚，那先生需要配合她过许多年漂泊的生活，这对女性来说非常不易。这套制度当年设置时就没有考虑过女性——当年普林斯顿大学教授的太太都是追随先生，做家庭妇女，不在外面工作的。现在时代变了，这套制度早已跟不上社会发展了。

在我的事业和与孩子建立亲密关系之间，的确也会产生一些矛盾。

我女儿小时候就常说，她不明白为什么我会坐在一个办公室里，对着一块黑板长时间工作和思索。她很难理解这种生活，这也导致她后来没有选择进入学术界。我儿子读物理和数学，女儿喜欢动手，本科读了工程专业，研究生读的是材料工程，他们都供职于谷歌公司。女儿常常抱怨，觉得正是因为生长在我们家，才让她变成了一名科学家，否则她还有很多路可以走。

数学家教育自己的孩子时，不知不觉会用一些数学语言和他们交流。但其实我教得最多的是中文。他们小时候，每周六我都带他们去学中文，然后回来给他们讲中文。等他们大一些，到了初中，我教一些数学，先生教他们一些物理。但我们自己教的数学和学校里教的不太一样：数学家探讨的是未知的数学，而学校里教的是数学知识。

一道难题的"奥数"题

焦松林

陈达的女儿小倩上小学五年级。这天，小倩遇到了一道难解的"奥数"题。题目是这样的：一只熊不小心掉进一个大坑里，坠落的加速度是 $10m/s^2$，这只熊是什么颜色的？

小倩想了半天也没想出熊的颜色与下坠的速度有什么关系。于是，她老老实实地在答案栏里写了"不知道"。

陈达检查女儿作业的时候，看到这道题，也愣住了。

虽然他大学毕业，但就是看不出熊身上的颜色与题目中的数字有什么关联。女儿就这样填写答案，肯定不行，他必须把这道题的正确答案找出来。要知道，上一次他帮女儿检查"奥数"题时错了一道，女儿就被同学狠狠地嘲笑了一番："亏你爸爸还是中学老师呢。"为了这事，女儿小倩回来哭了很久。

今天，陈达不想让同样的事情再次发生。他在中学教语文，同事中就有数学教师，于是，他给同事——高二年级的数学教师老李发了个信息，把这道题原原本本地发给了老李，让老李帮忙解答。

老李的短信很快就来了，答案竟然和小倩的差不多，只是多了几个字：题目中所给的信息，与题目要求无关。因此，此题无解。

陈达把老李的短信看了又看，还是不放心。小倩说："爸爸，对面的刘伯伯是个博士呢，你让他给看看。"

陈达一拍大腿，是啊，自家对门的老刘在省光电研究所上班，又是数学专业的博士，他可能有办法。陈达不顾时钟已指向了晚上十点，硬是敲开了老刘家的门。

老刘看了陈达手中的题目，想了许久，又上网查了查资料，才小心翼翼地说道："这道题有解。网上的资料显示，熊在地球的南北极时，下坠的速度和地球上的其他地方不相同。在其他地方，熊这样的物体的下降加速度是 $9.8m/s^2$。而在南北极时，速度要快一些。南极没有熊，只有北极才有，因此，这道题的答案应该是白色——北极熊身体的颜色是白色。"

听到这里，陈达猛地一拍大腿，是啊，"奥数"题怎么会无解呢，博士就是博士，看问题就是不一样。陈达谢过老刘，回到家里，让小倩把正确答案写到了题目下面：白色。

第二天，陈达下班回家后，看到小倩坐在家里修改作业，还撅着小嘴。一问，原来昨晚老刘提供的答案是错的，正确答案应该是灰色。

什么？陈达脑子里"嗡"的一声，他连忙问女儿为什么会是这个答案。

女儿不满地看了看他，说道："我们老师说了，熊的确是在极地，不过，

小黑孩 图

北极熊的下降加速度还达不到 $10m/s^2$。只有距离极地最近的西伯利亚小熊，毛发稀疏，来到极地后，下坠的加速度才有可能是 $10m/s^2$，西伯利亚小熊一般都是灰色的。所以，这道题的正确答案是灰色。"

陈达傻了眼，许久才尴尬地问道："那你们班有答对的吗？"这样的怪题，连博士都答错了，应该没有小学生能答对吧。

可是小倩却点了点头："王群答对了。"

陈达对女儿班里的学生成绩还是很了解的，当他听到王群答对了，嘴巴张了半天都没合拢。据他所知，王群曾经得过一场病，半个学期都没上学，各科成绩一团糟。他怎么会做对呢？

"不会吧？"陈达将信将疑地问道。

"我们都觉得不可能，下课的时候问了王群。"小倩说。

"那他究竟是怎么做出来的？"陈达眼睛瞪得大大的。

"王群说，他原来准备写黑色，可是黑这个字他一下忘了怎么写，于是，他就挑了一个会写的字——灰。他说，反正灰色和黑色也差不多。"

陈达怔住了。这，这叫什么事呀……

一个馒头引发的税收常识缺失

王石川

如果不是济南市政协委员潘耀民的一份提案，包括很多记者在内的公众都还不知道馒头税，而且其税率高达17%。潘耀民认为，17%的馒头税税率设置过高，既不科学，又增加百姓消费的负担，还不利于食品安全。据了解，潘耀民是济南民天面粉有限责任公司的副总经理。

他说，像民天这种有各种认证及食品安全认证的公司，都要征收17%的增值税。"馒头不是海参，不吃海参可以，但不吃馒头很难。"潘耀民认为，为了减轻百姓的生活压力，政府多部门联手平抑物价，那么降低馒头税无疑是最直接、最有效的办法。

不少网友十分错愕，"天下奇闻，吃馒头也要交税？"

其实，现有税制并没有设置馒头税，所谓馒头税不是仅针对馒头的税，而是面向所有消费品的一种税，就是众所周知的增值税，即以商品在流转过程中产生的增值额，作为计税依据而征收的一种流转税，由消费者负担。有增值才征税，没增值不征税。增值税的基本税率一般为17%，低税率为13%。所谓17%并非消费品售价的17%，而是其税前利润的17%。明乎此，网友也许就会少一些错愕和愤怒。

为什么网友一听馒头税就出奇地愤怒？为什么一看到"买馒头的每元钱里就有近2角的税"，就有被剥夺感？正因为税收常识的缺失，而这又因为相关部门多年来只单方面强调纳税光荣、纳税是每个公民的义务，却有意无意地忽略了向公众普及纳税常识及基本的纳税常情。

因此，我们明明纳税了，但不少时候却不知道已经纳了税、纳了多少税。据报道，在商场购买一件500元的衣服，其中就涵盖了17%的增值税和13%的营业税；40元一张的电影票含营业税12元，三口之家看场电影光缴税就达到了36元；每斤2元的食盐中，就有0.29元的增值税和0.03元的城建税……然而，现实中绝大多数人并不清楚，原来我们买衣服、看电影、吃盐都纳了不少税。公众不知情，相关部门难辞其咎，因为西方不少国家的通常做法就是，在超市和商店的收银条上都详细列明消费税等流转税的具体数目，而遍观国内，根本找不到类似的做法。

公众的税收常识缺失也与一些人的误导有关。前不久，浙江省某政协委员在浙江省政协会议上提出了这样的建议：限制不纳税的居民购车，"你都不为国家纳税做贡献，还要买车，开到马路上添堵，给国家增加额外的负担"。这一言辞极其"雷"人！芸芸众生，我们每个人其实都是纳税人，只要生活在这个国家，只要有衣食住行，都在为国家纳税，何来"不为国家纳税做贡献"一说？不得不说，此委员背后站着一大批误导公众的人。

中国人的税负有多重？有心人算了一笔账：如果你的税前月薪是10000元，除去四金和个税，实际拿到手的是7052元。为了给你支付10000元钱的税前薪水，公司要支出14150元。如果你买了总价100万元的新房，有50万元～70万元会通过各种渠道流入政府腰包。你平时的任何消费，都要交近15%的税，不过这是你不知道的。再联系到所谓"馒头税"，可见，要维护纳税人的尊严，除了减税，还应及时地把纳税人究竟享有哪些权利、税收的具体流向给公众说清楚。

子弹不长眼

史　峰

其实，子弹真的不长眼，因为在战场上要想让子弹击中一个人还真不那么容易。

那么，多少子弹才能消灭一个敌人呢？

军事历史学家做过统计：第一次世界大战期间，平均需要2.5万发子弹才能消灭一个对手。第二次世界大战时，则平均需要2万发子弹才能消灭一个对手。越南战争时，子弹的命中率有所提升，美国士兵平均发射5000发子弹就能消灭一个对手。可是在阿富汗战争和伊拉克战争中，美军士兵开枪的命中率却又大幅度下滑。在这两场战争中，美军共消耗子弹60亿发，射杀对手2.4万人，算起来平均25万发子弹才能消灭一个对手，命中率低到让人难以致信。

那么，为什么命中率这么低呢？

在战场上子弹的命中率很低，主要受以下几方面的因素影响：

士兵素质。我们知道士兵是枪弹的实际控制者，如果士兵素质高，那么他对枪弹的控制力就强，就不至于"乱放枪"，更不会"闭着眼睛放枪"，这样才有可能提高子弹的命中率，反之子弹的命中率就会降低。

枪械质量也影响子弹的命中率。比如有的枪械设计精确，好用，士兵用这样的枪当然能"百发百中"。但有的枪械陈旧，拿在手里不好用，士兵用这样的枪当然打不出好成绩。

子弹的使用目的也会影响命中率。在战场上双方相互发射子弹有时并不是为了夺人性命，而是为了给对方施加"火力压制"，将对方压制在工事里，不敢"露头"，从而达到自己的战术目的。在这种情况下，子弹当然发射得不少，但双方的伤亡不见得很大。

战场对抗方式也影响子弹的命中率。比如双方投入了大量兵力进行近距离"冲杀"，这时候人员密集，往往会提升子弹的命中率。有时双方采取的是"游击战"，只是远距离放枪，打了就跑，这时候子弹的命中率当然就会极低。

所以说，数千发甚至几十万发子弹才能消灭一个敌人这事，并非"难以理解"，而是"事出有因"。

趣　题

林　革

　　威廉·康威是世界一流的游戏大师，更是一位货真价实的数学家。可是，他却被一个小学生提出的问题难住了，而这个题目看上去是如此平常：

13

1113

3113

132113

1113122113

311311222113

13211321322113

11131221131211113222113

请问接下来的一行数字串是什么？

威廉·康威绞尽脑汁思考了几个星期仍不得要领，他不得不尴尬地向出题的小学生认输。当这个小学生公布答案时，威廉·康威立马瞠目结舌："天哪，原来是这样的呀！"

小学生的解释是这样的：下一行的数字串都是分段对上一行数字串进行直观说明。如第二行的 11 表示第一行有 1 个 1，13 表示第一行有 1 个 3。同理，第三行的 31 表示第二行有 3 个 1，13 表示第二行有 1 个 3；第四行的 13 表示第三行首先有 1 个 3，21 表示接下来有 2 个 1，13 表示接着有 1 个 3……以此类推可知，接下来的一行数字串为：31131122211311123113322113。相信你一定能领会分段数字的含义，它表示上一行的数字 11131221131211113222113，从左往右数，依次是 3 个 1，1 个 3，1 个 1，2 个 2，2 个 1，1 个 3，1 个 1，1 个 2，3 个 1，1 个 3，3 个 2，2 个 1，1 个 3。

怎么样？看似神奇的数列其实并不神奇，浅显直白，甚至一目了然。大数学家之所以被这个小问题难住，是因为他习惯性地把问题复杂化了，继而把自己困在思维定式的沼泽中难以自拔。

"π"趣史

陈龙洋

对于 π 的好奇既成了一种宗教，又成为我们文化的重要组成成分。

至今许多人都能回想起第一次遇到 π 的情景，也就是那个非常单调的公式：C=πD，A=πR²。这里 C 代表圆周长，D 代表直径，A 代表面积，R 代表半径。π 一直就像一个谜，令人感到神秘不解。简单地说，如果你用圆形的周长除以圆周的直径，你得出的数字就是 π。任何圆周的周长都近似于圆形直径的 3 倍，简单吗？但数学家们都认为 π 是个无理数，也就是说，如果你用圆周长除以直径，那么你得出的数值肯定是十进位的小数，并且这个数字将无休无止地延续下去。π 的前几位数值是 3.14159265……这一数字是除不尽的。对于 π 的好奇既成了一种宗教，又成为我们文化的重要组成成分。人类已经出版过许多以 π 为主题的书籍,例如,《π 的乐趣》《π 的历史》等,此外还有许多网站也以 π 为专题,如最著名的一个网站 www.cecm.sfu.ca/pi。

在一部叫《π》的影片里,一位数学天才因为在股市里苦心寻找数字的规律而发疯了。

虽然这部影片是虚构的,但是人类对一些数值的无尽追求却不是虚构的。几千年来,π 已经使许多好求精密的大脑感到痛苦不堪。1999 年,一位日本计算机科学家将 π 的数值推算至小数点后 2060 亿位数。π 的数值推算得如此精确,除了用于检验计算机是否精确和数学理论研究之外,并无实际用处。令人意外的是,这位日本科学家却有着不同的观点,他说:"π 和珠穆朗玛峰一样都是客观存在,我想精确测算出其数值,因为我无法回避它的存在。"

"竭尽法"——早期的 π

历史上 π 首次出现于埃及。

1858 年,苏格兰一位古董商偶然发现了写在古埃及莎草纸上的 π 数值。莎草纸的主人从一开始就吹嘘自己发现的重要性,并有一个解式:"将(圆的)直径切除 1/9,用余数建立一个正方形,这个正方形的面积和该圆的面积相等。"

古代巴比伦人计算出 π 的数值为 22/7。《圣经》中记载,为了测量所罗门修建一个圆形容器,使用的 π 的数值为 3。但是希腊人还想进一步计算出 π 的精确数值,于是他们在一个圆内绘出一个直线多边形,这个多边形的边越多,其形状也就越接近于圆。希腊人称这种计算方法叫"竭尽法",事实上也确实让不少数学家精疲力竭。阿基米德的几何计算结果的寿命要长一些,他通过一个 96 边形估算出 π 的数值在 310/71~22/7

之间。在以后的700年间，这个数值一直都是最精确的数值，没有人能够取得进一步成就。到了公元5世纪，中国数学和天文学家祖冲之和他的儿子在一个圆形里绘出了有24576条边的多边形，算出圆周率的值在3.1415926和3.1415927之间，这样才将 π 的数值又向前推进了一步。

长期以来，π 困扰了许多聪明的大脑。希腊人将这种测量 π 的方法称为圆变方形测量法。但问题是，如果给你一个直尺和一架圆规，你能绘出面积相等的正方形和圆形吗？ π 就是解决这个问题的关键。希腊科学家、哲学家阿那克萨哥拉由于广泛宣传太阳并不是上帝而身陷囹圄。为了打发狱中时光，他不断地想将圆形用最近似的方形表示出来。几个世纪之后，哲学家托马斯·霍布斯声称已经解决了这个问题，后来的实践证明是他自己算错了。

达·芬奇计算 π 数值的方法既简单又新颖。他找来一个圆柱体，其高度约为半径的一半（你可以用扁圆罐头盒来做），将它立起来滚动一周，它滚过的区域就是一个长方形，其面积大致与圆柱体的圆形面积相等。但是这种方法还是太粗略了，因此后人还是继续寻找新的精确方法。

1610年，荷兰人为 π 建立了一座不可思议的纪念碑。据说，在莱顿的彼得教堂的墓地里有一块墓碑，上面刻有2-8-8字样，代表了由荷兰数学家鲁道夫·冯·瑟伦计算出的 π 的第33到35位数。这位数学家将 π 的数值计算到第20位时，得出结论："任何愿意精确计算 π 值的人都能将其数值再向前推进一步。"但愿意继续做下去的人只有他一个。他用自己余生的14年将 π 值推进到第35位数。传说中那块铭记瑟伦的成就的墓碑早已不在，他付出的劳动也由于新发明微积分而黯然失色。

确立与徘徊

1665 年，伦敦瘟疫流行，伊萨克·牛顿只好休学养病。在此期间他发明了微积分，主要用于计算曲线。同时，他还潜心研究 π 的数值，后来他承认说："这个小数值确实让我着迷，难以自拔，我对 π 的数值进行了无数次计算。"当他发明微积分后，他终于创造出一种新的计算 π 数值的方法。不久，科学家就将 π 值不断向前推进。1706 年，π 的数值已经扩展到小数点后 100 位。也就是在这一年，一位英国科学家用希腊字母对 π 进行了命名，这样 π 就有了今天的符号（科学家好像觉得 π 还不够难似的，π 被定义为"直径乘以此值能够得出圆周长的数值"）。到 18 世纪后期，将圆形无限变成多边形的方法正式退出了历史舞台。

虽然目前科学家已经计算出 π 的前 2060 亿位数值，但是我们在做普通计算时，只取 π 的前三位数值，即 3.14。使用 π 值的小数点后 10 位数，你计算出的地球周长的误差只有 1 英寸。如此看来，还有必要将 π 值再精确一步吗？

在整个 19 世纪，人们还是希望计算出 π 的最后数值。当时汉堡有一位数学天才约翰·达斯能够心算出两个八位数的乘积值。他在计算时还能够做到一算就是几个小时，累了就睡觉，醒来时能够在睡前的基础上接着再计算下去。1844 年，这位天才开始计算 π 的数值，在两个月之内，他将 π 值又向前推进到小数点后第 205 位。另一位数学天才威利姆·尚克则凭着自己手中的一枝笔、一张纸，用了近 20 年时间，将 π 值进一步推进至小数点后 707 位。这一纪录一直保持到 20 世纪，无人能够刷新。遗憾的是，后人经过检验发现，这位天才的计算结果中小数点后第 527 位数字有误,20 年的辛苦工作竟然得出这么个结果，不能不令人扼腕叹息。

在浩瀚的宇宙里，圆形一个接一个，小至结婚戒指，大到星际光环，π 值始终不变。

唯独美国的印第安纳州或该州议会要与人不一样。事情的起因源自 1897 年，该州一位名叫埃德温·古德温的医生声称"超自然力量教给他一种测量圆形的最好方法……"其实他的所谓好办法仍只不过是将圆形变成无限的多边形。虽然早在 1882 年一位德国数学家已经证明 π 是永远除不尽的，也就是说不论你将圆形中的多边形的边长定得多么小，它永远是多边形，不会成为真正的圆形。但古德温偏不信，他开始着手改变这一不可能改变的事实。

他确实把他的圆变成了方形，尽管他不得不采用值为 9.2376 的 π，这几乎是 π 实际值的 3 倍。古德温将他的计算结果发表在《美国数学》上，并报请政府对他的这个 π 予以批准承认，他甚至说服地方议员在该州下院通过一个法案，将自己的研究成果无偿提供给各个学校使用。由于他的议案里充满了数学术语，把下院的议员全搞懵了，因此议案得以顺利通过。但科学毕竟是科学，即便是政客也无法把一个数字强加给每个人。很快，有一位数学教授戳穿了古德温的荒谬。更令人啼笑皆非的是，严重的官僚主义使该法案拖了很长时间还没有得到上院的批准，算是阴差阳错，少了一个笑话。

计算机时代的 π

π 在令数学家头疼了几个世纪之后，终于 20 本世纪遇上了强大的对手——计算机。计算机最早出现在第二次世界大战期间，主要用于计算弹道轨迹。当时的计算机重达 30 吨，工作 1 小时需缴电费 650 美元。1949 年，计算机曾对 π 值进行了长达 70 小时的计算，将其精确到小数点后 2037 位。但是令数学家大为挠头的是，他们仍然无法从中找到可循的规律。

1967 年，计算机将 π 值精确到小数点后 50 万位数，六年后又进一步进展到 100 万位，1983 年，精确到 600 万位。

计算机的功能全在作为程序输进去的公式的好坏。首先使计算机计算 π 值成为可能的是 20 世纪最非凡的头脑之一斯里尼瓦萨·拉马鲁詹。他是印度南部一名穷职员，但他具有超人的数学天赋，并且始终自学不辍。1913 年，他将自己的研究成果寄给了剑桥大学的哈迪。哈迪慧眼识天才，力邀他来剑桥从事研究工作。次年，拉马鲁詹便发表了自己的论文，披露了当时计算 π 值最快的公式。

1984 年，一对俄罗斯兄弟使用超级计算机将 π 值推进到小数点后 10 亿位，后来他们还获得了第一届麦克阿瑟基金"天才奖"。兄弟俩中的格利高里很有数学天赋，他在高中时就发表过重要的数学论文，他们的超级计算机能够永无休止地计算 π 数值。格利高里后来评论说："计算 π 值是非常合适的试验计算机性能的测试工具。"为了计算 π 数值，兄弟俩从全国采购计算机部件，组装了世界上最强大的计算机。计算机的缆线绕满了各个房间，工作时就像个大加热器，即使使用十几台风扇来降温，室内温度仍然高达华氏 90 度。

π 根本就是无章可循的一长串数字，但是对 π 感兴趣的人却越来越多。每年的 3 月 14 日是旧金山的 π 节。下午 1：59 分，人们都要绕着当地的科学博物馆绕行 3.14 圈，同时嘴里还吃着各种饼，因为饼（pie）在英语里与 π 同音。在美国麻省理工学院，每年秋季足球比赛时，足球迷们都要大声欢呼自己最喜爱的数字："3.14159！"

加拿大蒙特利尔的少年西蒙·普洛菲现在已经"对数字上瘾了"，他

决心打破记忆 π 数值的世界纪录。他在第一天就已经能够记忆 300 位数字了，第二天他将自己独自关在一间黑屋子里，默记着 π 数值。半年后，他已经能够记住 4096 位数了。西蒙最终将自己所记数字花三小时全部背了出来，他也因此上了法语版《吉尼斯世界纪录》。但这一纪录保持的时间并不长，很快就突破了 5000 位大关。现在的保持者是日本的广之后藤，他能够用 9 小时背出 42195 位数。在许多国家里都有记忆 π 数值的口诀，但是这些口诀的文采都无法与诗歌《π》相比。1996 年诺贝尔文学奖得主维斯拉瓦·申博尔斯卡曾为 π 写了一首诗歌，赞美其坚定不移地向着无限延伸。

异乎寻常的答案

裴重生

傍晚，退休的张教授随手翻阅 9 岁孙女的自习本，发现上边记着几条等式如下：

1+1=1

2+1=1

3+4=1

4+9=1

5+7=1

6+18=1

张教授好生奇怪，琢磨了半天也弄不明白是怎么回事，于是把孙女叫来询问。

孙女一看就笑道："爷爷您连这也不懂？听我告诉您。"接着就朗声说道："1里加1里等于1公里，2个月加1个月等于1个季度，3天加4天等于1周，4点加9点等于下午1点，5个月加7个月等于1年，6小时加18小时等于1天。"

"啊，是这样吗？"张教授摸着自己光溜溜的脑袋，哭笑不得。

可见，面对生活中一些看似不可思议的东西，人们有必要调整一下思维方式，换一个角度思考，就会得到异乎寻常的答案，使不可能变为可能。

制造一个人要花多少钱

［英］比尔·布莱森

闫　佳　译

许多权威人士曾尝试计算制造一个人要花多少材料费。近年来，最全面的一个尝试来自英国皇家化学学会。

根据皇家化学学会计算，制造一个人需要 59 种元素。其中，碳、氧、氢、氮、钙和磷占了我们身体的 99.1%，其余的大部分元素都有点出人意料。谁会想到，没有体内的钼、钒、锰、锡、铜，我们就是不完整的呢？必须说明的是，我们人类对部分元素的需求量其实非常少，只能以百万分之几，甚至十亿分之几来度量。

人体最多的成分是氧，占可用空间的 61%。所以说，几乎人体的 2/3 是由这种无味气体组成的，这似乎有点违背我们的常识。我们之所以不像气球那么轻盈而有弹性，原因是氧大多跟氢相结合（氢占了另外10%），构成了水。氧和氢是人体内较为廉价的两种元素。假设你的体形跟本尼迪克特·康伯巴奇（英国演员，曾主演电视系列剧《神探夏洛克》相当，你体内的氧价值8.9英镑（约人民币78元），氢价值16英镑（约140元）多。氮（占2.6%）的单价更高，但按人体内的含量计算，仅值27便士（约2.3元）。除此之外的一切就相当昂贵了。

根据英国皇家化学学会的数据，你需要大约13.6千克的碳，这将花费44300英镑（约39万元）。钙、磷和钾，虽然需要的量极少，但它们会让你的价值再增加47000英镑（约41万元）。其余大多数元素，每单位体积的价值更加昂贵，好在你只需要很微小的分量。钍用21便士（约1.8元）就能买到。你需要的所有锡，价值4便士（约0.3元），而锆和铌只需花费2便士（约0.2元）。钐显然不值钱，在皇家化学学会的账本上，它的登记费用是0英镑！

在我们体内发现的59种元素里，有24种传统上被称为"基本元素"，因为我们没了它们真的不行，其余的则好坏参半。有些显然是有益的；有些兴许有益，但我们说不准是哪些方面有益；其他的既无害也无益；只有极少的几种是彻底的坏家伙。例如，镉是体内最常见的第23种元素，占你体重的0.1%，但毒性严重。我们拥有它是因为它通过土壤进入植物，而我们吃植物时也顺便摄入了它。

人体在元素水平上的绝大部分运作方式，都是我们至今仍在研究的课题。把你体内几乎所有的细胞抽出来，它们还包含100多万个硒原子。硒能制成两种重要的酶，高血压、关节炎、贫血，以及某些癌症都与缺少硒有关，为体内加入一些硒（坚果、全麦面包和鱼类中的硒含量很丰富）是个好主意，但要是摄入过多，你的肝脏会受到无可挽回的毒害。跟生活中的大部分事情一样，找平衡是一桩微妙的活计。

总的来说，按皇家化学学会的说法，制造一个人的全部成本（以本尼迪克特·康伯巴奇为样板）是个非常精确的数字：96546.79英镑（约84万元）。据说，2012年，美国电视网在老牌科学节目《新星》里播出的名为《寻找元素》中，做了一项和英国皇家化学学会完全相同的研究，计算出人身体内基本组成要素的总价值是168美元（约1150元）。这说明：有关人类身体的各种细节，往往都十分不确定。

这其实并不重要。无论你花多少钱，也不管你怎么精心地装配材料，你都没法用这些材料造出一个人来，更别说复制出本尼迪克特·康伯巴奇了。

最让我们震惊的事情是，我们只是一堆惰性成分，就跟你在一堆泥土里找到的东西一样。构成你的元素唯一特殊的地方，就在于它们构成了你。这是生命的奇迹。

作者是谁？让数学来证明

鲁秋枫

《红楼梦》是一人所作？

《红楼梦》成书迄今已逾200年，作为中国最重要的小说之一，它不仅感动了中国人，也得到其他民族的重视与喜爱。《红楼梦》有各种不同的版本，数十种续书，流传到世界各国，被翻译成各种文字，透过不同的文字翻译，感动了不同民族的人民。

长期以来，人们普遍认为曹雪芹只写了《红楼梦》的前80回，后40回是高鹗续写，但数学统计进入文学领域后，这个定论遭到了计算机的质疑。1981年，首届国际《红楼梦》研讨会在美国召开，美国威斯康星大学讲师陈炳藻独树一帜，宣读了题为《从词汇上的统计论〈红楼梦〉

作者的问题》的论文，首次借助计算机进行《红楼梦》研究，轰动了国际红学界。陈炳藻从字、词出现的频率入手，通过计算机进行统计、处理、分析，对《红楼梦》后40回系高鹗所作这一流行看法提出异议，认为120回均系曹雪芹所作。

语体风格是人们在语言文字表达活动中的个人言语特征，是人格在语言文字活动中的某种体现。这种风格可以在一定程度上通过数量特征来刻画。例如，句长和词长可以代表作者造词句的风格，当然，反映作者风格的不是单个词的词长和单个句子的句长，而是以一定数量的语料为基础的平均句长和平均词长；此外，字、词在作品中出现的频率也是个人风格的体现。利用计算机计算一部作品或作者平均词长和平均句长，对作品或作者使用的字、词、句的频率进行统计研究，从而了解作者的风格，这被称之为计算风格学。计算风格学现在在社会科学领域成为一门饶有趣味的学科，尤其在判断作者真伪，考证作者疑难方面更是大显身手。

让佚名作者现身

"作者考证"有时是一个很困难的问题，计算风格学可被应用来解决这种问题。我们看两个例子。

出现于16世纪90年代的一部五幕剧《爱德华三世》，表现了14世纪英王爱德华三世统治时期勇武的骑士精神。但该剧作者究竟是谁，戏剧界争论了几百年。不久前，通过电脑对该剧的语言风格进行分析，莎翁作品的权威机构——阿顿公司正式确认，《爱德华三世》是莎士比亚的一部早期作品。莎剧专家说，这部作品本身所表现出的深刻人性、博大精神和文辞语言的华丽无可辩驳地"用莎士比亚自己的声音"证明了它的来源。

1964 年，美国统计学家摩斯泰勒和瑕莱斯考证了 12 篇署名"联邦主义者"的文章作者，可能的作者是两个人，一个是美国开国政治家汉密尔顿，另一位是美国第四任总统麦迪逊。究竟是哪一位呢？统计学家在进行分析时发现汉密尔顿和麦迪逊在已有著作中的平均句长几乎完全相同，这使得这一能反映写作风格特征的数据此时失效了。于是，统计学家转而从用词习惯上来找出这两位作者的有区别性的风格特征，最后终于找到了两位作者在虚词的使用上有明显的不同。汉密尔顿已有的 18 篇文章中，有 14 篇使用了"enough"一词，而麦迪逊在他的 14 篇文章中根本未使用"enough"一词。汉密尔顿喜欢用"while"，而麦迪逊总是用"whilst"。汉密尔顿喜欢用"upon"，而麦迪逊很少用。然后，再把两位可能的作者的上述风格特征指标，与未知的 12 篇署名"联邦主义者"的文章中表现出来的相应的风格特征进行比较。结果发现那位署名"联邦主义者"的作者就是美国第四任总统麦迪逊。这样就了结了这一考据学上长期悬而未决的公案。两位统计学家所使用的数学方法也得到了学术界的认可。

《静静的顿河》是不是抄袭？

长篇小说《静静的顿河》是一部既磅礴壮观又委婉细腻、扣人心弦的史诗性长篇小说，是当代世界文学中流传最广泛、读者较多的名著之一。他的作者肖洛霍夫因此获得 1965 年诺贝尔文学奖。但小说出版后即有人说这本节是肖洛霍夫从一位名不见经传的哥萨克作家克留柯夫那里抄袭来的。俄国流亡在国外的一些作家如索尔仁尼琴、麦德维杰等，认为《静静的顿河》的大部分内容是抄袭哥萨克作家克留柯夫的作品，理由是该书第一卷出版时，肖洛霍夫年纪尚轻，并无生活经历；另外，他以后未能写出具有同样文学价值的作品。肖洛霍夫充其量只是合作者罢了。

为了弄清楚谁是《静静的顿河》的真正作者，捷泽等学者采用计算风格学的方法进行考证。具体办法是把《静静的顿河》四卷本同肖洛霍夫、克留柯夫这两人的其他在作者问题上没有疑义的作品都用计算机进行分析，获得可靠的数据，并加以比较，以期澄清疑问，得出谁是真正作者的结论。

捷泽等学者从《静静的顿河》中随机地挑选出 2000 个句子，再从肖洛霍夫、克留柯夫的各一篇小说中随机地挑选 500 个句子，总共 3 组样本，3000 个句子，输入计算机进行处理。处理的步骤如下：

1. 首先计算句子的平均长度，结果 3 组样本十分接近。于是再按不同的长度细分成若干组，对 3 组样本中对应的句子组进行比较，发现肖洛霍夫的小说与《静静的顿河》比较吻合，而克留柯夫的小说与《静静的顿河》相距甚远。

2. 进行词类统计分析。从 3 个样本中各取出 10 000 个单词，结果发现，除了代词以外，有 6 类词肖洛霍夫的小说都与《静静的顿河》相等，而克留柯夫的小说则与之不相符。

3. 考察处在句子中的不同位置的词类状况。俄语的词类在句子中的不同位置可以很好地表现文体的风格特点，特别是句子开头的两个词和句子结尾的 3 个词往往可以起到区分文体风格的作用。捷泽等学者统计了 3 种样本中句子开头的词类和句子结尾的词类，发现肖洛霍夫的小说与《静静的顿河》十分接近，而克留柯夫的小说则与之有相当大的距离。

4. 进行句子结构的分析，统计 3 种样本中句子的最常用格式。结果发现，肖洛霍夫的小说与《静静的顿河》的最常见句式都是"介词＋体词"

起始的句子，而克留柯夫的小说的最常见句式则是以"主词＋动词"起始的句子。

5.统计3种样本中频率最高的15种开始句子的结构，发现肖洛霍夫小说中有14种结构与《静静的顿河》相符，而克留柯夫小说中只有5种出现在《静静的顿河》中。

6.统计3种样本中频率最高的15种结尾句子的结构，发现肖洛霍夫小说中15种结构与《静静的顿河》完全相符，而克留柯夫小说中结尾句子的结构与《静静的顿河》完全不符。

根据以上6个方面的统计结果与分析，捷泽等人已可以下结论：

《静静的顿河》的真正作者是肖洛霍夫。然而，捷泽等人对于这样一部世界名著，这样一个世界文学界的重大疑案，采取了十分谨慎的态度，为了精益求精，他们在更大规模基础上进行研究，最终确定《静静的顿河》确实是肖洛霍夫的作品，他在写作时或许参考过克留柯夫的手稿。后来，原苏联文学研究者从另外一些方面又进一步证实了肖洛霍夫是《静静的顿河》的真正作者。

计算风格学不仅能考证作者，还作者一个清白，在更广阔的范围内，通过对不同时期的文学家作品的统计、计算，还可以反映一个时代的文化风格变迁。曾有人对20位德语作者的22部著作的平均词长和平均句长进行过计算，从而发现了德语书面语言的句子有变短的趋势。

一个半男人接近一个女人

刘华杰

题目有点荒唐，只是为了在网上吸引人，让人们尽快记住数据：最新中国公众科学素养调查数据2001年10月22日刚刚揭晓，100个男人中有1.7个具备基本科学素养，而100个女人中有0.98个具备基本科学素养。笼统点说就是，100个男人中有一个半具备基本科学素养，100个女人中有一个具备基本科学素养。稍完整的题目应当是《一个半男人，接近一个女人》，"接近"不作动词用。

总体上中国公众（指18~69岁成年人）具备基本科学素养的比例为1.4%，即100个人中有1.4个人具备基本科学素养（2001年）。美国的数据为6.9%（1990年），欧共体的数据为4.4%（1989年）。

调查特点

此次调查的特点是：①抽样、统计分析更加科学，中国科协的项目小组与中国人民大学统计系合作，对调查所涉及的设计、实施及数据处理分析全过程均有统计学的严格考虑，误差控制在 3%~5%。②抽样样本数较大，发放问卷 8512 份，回收有效问卷 8350 份，有效率达 98%。③入户调查人员皆接受了统一培训，并印发了《2001 年中国公众科学素养调查培训资料》，附有 418 个调查题目。

调查数据

此次调查的数据具有重要意义，解读这些数据也需要相当时间。这里可以透露一点数据，并做一两句点评。

不同职业群体科学素养状况为：学生 11.42%，为最高；专业技术人员 6.29%，列第二；商业工作人员 5.81%；办事人员 4.07%，国家机关、党群组织和企事业单位负责人员 4.55%，列第五；服务性工作人员 1.03%；离退休人员 0.87%；个体劳动者 0.55%；工交企业工作者 0.52%；城镇待业人员 0.10%；农民 0.04%；其他人员均接近零。

有趣的是：第一，如果科学算作先进文化之一种的话，单位负责人的科学素养很差，不及办事人员，党群领导并没有成为先进文化的代表。第二，学生的科学素养最高，而且远远高于其他人群，这说明教育对于提高公众科学素养十分关键。

不同年龄段公众的科学素养状况为：18~19 岁为 3.0%，最高；20~29 岁为 2.6%；30~39 岁为 1.0%；40~49 岁为 0.8%；50~59 岁为 0.8%；60~69 岁为 0.4%。也就是说成年人中，随着年龄的增大，科学素养急剧下降。

而且 40~49 岁这一年龄段的人科学素养很低，竟然不足 1%，而这一年龄段是目前出任领导干部最多的人群，当前正是这一年龄的人领导中国人民进行现代化。这些数据同时说明，科技更新较快，年纪大了如果再不学习，便很难跟上科技进步的时代步伐。从事现代化研究的何传启先生特别指出，年纪大还可能成为接受新科技、新观念的障碍。

调查显示

除了正规教育外，公众获取科学技术信息的主要渠道是：电视 82.8%；报纸和杂志 52.1%；人际交谈 20.2%；广播 10.9%；图书 5.2%；因特网 1.6%；其他 3.3%。值得注意的是电视影响力太大，而电视的科学传播水平又实在不高。因特网开始显示影响力，算是可喜的进步。其中，图书的影响力不算大。

另外，"职业声望与期望子女从事的职业"得分多处表现出负关联，这说明社会公正问题比较严重。政府官员的"声望与期望"值为 8.6/9.9；大学教师为 7.9/7.5；医生为 18.7/20.0；科研人员为 20.1/18.2 等等。教师和科研人员有较高的声望，但家长并不希望他们的子女从事这样的职业，官员声望不算特别高（比教师还是高），但家长却更希望子女当官！或者说当官和当医生的好处大于它的声望，做教师与科研人员的好处低于其声望。

在中国有 75.5% 的公众认为科技对生活和工作的影响利大于弊，72.2% 的公众对利用科技解决更多的问题抱有很大的期望。中国公众认为应当优先发展的科技领域依次为：农业与食品技术，人口健康与环境保护，国防科学技术。这说明：公众并不总是认为科技是好的，但也不存在对科技的强烈抵制。环境问题已经一定程度上引起公众的重视。

数字中的青春

中国青年

引人注目的婚恋数字

中国妇联划定"剩男剩女"的标准：男为 30 岁，女为 27 岁。有 30%
的"剩男剩女"错过最佳生育时期。

全国每天的离婚人数约 5000 对。

北京、上海的离婚率已超过 1/3。从年龄结构看，22~35 岁人群是离
婚主力军，34 岁人群离婚率最高。

在离婚夫妻中，80 后占的比例最大，接近四成。

有约 50% 的离婚与财产有关。

婚龄在 5 年内的离婚案件中，80 后人群的离婚案件占 55.2%；70 后

人群的离婚案件占 32.8% ; 60 后人群的离婚案件仅占 7.2%。

最新的大学生择业观

偏好行业前 3 位:政府公共事业、教育 / 文化 / 科研 / 培训、金融业。偏好单位类型前 3 位:国企、合资企业、事业单位。偏好城市前 3 位:北京、广州、上海。

毕业 3 年之后你在哪?

毕业半年后在"北上广"就业的大学生,有 22.2% 的人 3 年后离开了"北上广",去其他地区就业。

46% 的大学毕业生 3 年内转换了行业。

法国人为什么要"废除"数学

河 伯

前几日上网时，看到这么一则新闻：根据法国政府的高考改革方案，数学将被"踢"出基础必修科目的行列。也就是说，是否学习数学将由法国学生自由选择。哪怕打算在大学里投身某些理工类专业的学生，也可以在高二、高三时告别数学，选考其他科目。

有趣的是，为这一方案背书的，是塞德里克·维拉尼。他是何许人？除了法国共和国前进党议员，他最重要的一重身份是数学家，而且是世界顶尖级别的，他是菲尔兹奖、费马奖和欧洲数学学会奖的"大满贯"获得者。

那么问题来了：一个数学家，为什么会支持"废除"数学？

法国人真实的数学水平，似乎从来都是个谜。作为一名数学工作者，在巴黎高师求学时，我曾亲眼见证过他们扑朔迷离的数学能力：一方面，普通人貌似连加减法都算不清——在超市，若是为买一包3.02欧元的薯片而递给营业员5欧元加2分，那么大概率会先被退回那2分，再找零1.98欧元。可另一方面，这又是盛产数学家的国度：欧拉、拉格朗日、庞加莱、格罗滕迪克……哪个不是门外汉都如雷贯耳的数学家？再不然，还有那个网络上流传已久的小故事：法国的小学生大多不知道4+5等于几，但他们总能告诉你，4+5=5+4，因为整数关于加法构成阿贝尔群。

这些"传说"的可信度颇高。在基础教育阶段，法国确实偏重于抽象的理论；法国学生的口算虽然不行，却也无伤大雅——法国的考试允许学生带计算器，还是可以编辑函数、输入公式甚至进行编程的那种。

所以，维拉尼如此提议，想必不是因为法国人缺乏"数学基因"。

其实，我个人很想为维拉尼提议的改革拍手叫好。因为在我看来，执行着单一标准，用于选拔而非教育的中学数学在哪里都是灾难。

比如我的中学时代，要学的数学简直浩如烟海——数理逻辑、代数、几何、概率、统计，甚至还有初步的微积分。单单是代数部分，我就不得不反复面对一元二次函数的折磨——从初中的分解因式到高中的基本不等式，以及始终散发着怪异气息的三角函数——各种变换公式如同魑魅魍魉。可在以高考为导向的数学课堂上，我最终也只是"过于熟练"地掌握各种结论。须知二次函数中甚至隐藏着伽罗瓦理论——又一位法国数学家的贡献——这样的人类智慧之光，但学来学去，我只是获得了配方法的各种推论。

不得不承认，中国的中学数学在内容的庞杂度和解题的技巧性上显得过于困难了。而吊诡之处在于，这些学习起来异常困难的技巧，我们既不会在未来特意使用，也似乎无益于我们逻辑能力的培养。

　　法国的数学教育显然也面临着类似的问题。尽管他们的中学数学始终坚持着内容的丰富性和深刻性，可一旦参与标准化的考试和选拔，又都变了味道。一张试卷难以品评学生们的数学思想是否深刻，可一旦开始考察解题能力和技巧，又势必会引导中学数学走上枯燥而无用的老路。

　　维拉尼的改革大致体现了这样的思路：如果不宜直接考察中学数学的学习内容，且作为必修的数学课也不能进一步向着丰富和深刻的方向进行改革，不如就在标准化的统一考试中只考查实际应用能力，而直接将数学课作为选修课程。立志于在大学读理工科的高中生，特别是希望将来成为数学研究者的高中生，如果能在中学的课堂上，在学习二次函数的时候，就能理解伽罗瓦的思想，想必会兴奋不已吧！

　　姑且不论结果如何，这样的改革无疑是振奋人心的尝试。教育的意义不是通过统一的标准进行选拔，而是为现代社会的多样性提供更多可能。作为教育者，也不要羞于承认失败：逃避嘛，虽然可耻，但未尝不是一个好办法。

中国孩子为啥数学好

白　苏

从开始学说话的时候，不同国家的小孩就开始产生数学能力上的差异了。

一个在中国数学成绩相当一般的小孩，到了美国后却可能成为一个数学尖子；另外，数学天才中，亚洲人的比例非常高……这些现象并非巧合。神经学家认为，在数学方面，亚洲人的文化具有先天优势。

从你的通讯簿里随便挑出一个电话号码，大声读出来，然后闭上眼用20秒的时间记住这组数字并大声背出来。如果你是说英语的，你记住这组数字的概率大约是50%；而如果你是说中文的，你几乎肯定能背出来。这是因为，人类存储数字的记忆循环要运行大约2秒，所以我们能在2秒之内说出或读出的东西记忆起来很容易。中文的数字读起来相当短，大部分都能在不到 1/4 秒内读出来；英语中的数字读起来要长一些，大约需要 1/3 秒。所以，用中文的人一般都能在 2 秒之内读完一串电话号码，并且记住。

另外，中文数字系统比英语数字系统更有规律性。一般来说，中国孩子平均 4 岁就能数到 40，而 4 岁的美国孩子只能数到 15，他们 5 岁时才能数到 40。也就是说，5 岁时，美国孩子在数学基础上已经比中国孩子落后了一年。

倾斜的高考分数线

刘　健

几乎每年各地高考录取分数线一公布，关于现行高等教育机会分配格局是否公平的争论就会热闹起来。质疑和辩护的双方，言词都很激烈，特别是在因特网上，双方的表达更是情绪化得厉害。

究竟应该怎样看待这个每年必须面对一次的老问题呢？

一

首先，可以认定，现行的高等教育机会分配格局（外在表现为分数线的巨大差异）确实是不公平的，北京某些媒体和师生为其辩护的理由都是站不住脚的。

其一，很多北京人强调，他们的"素质"足以弥补"分数"的差异。

但在关于"素质"高低的辩论中，有一个明显的逻辑漏洞：正反双方都把它当成了一个"城乡差别"的问题。

这是不符合事实的。这不是"城乡问题"，而是"朝野问题"。别忘了，北京也有农村，外地也有城市。即便我们承认大城市的学生的确素质比农村孩子高，也不能由此推导出北京孩子比外地孩子素质高，进而录取率应该比外地高的结论。我们凭什么说北京的孩子一定比南京、武汉的孩子素质高呢？

其二，不考虑分数的合理性，就说日后成才的比例，那最高的也绝不是北京。浙江有一个县级市镇海出过 28 个院士。这算是一个人家不是"高分低能"的权威证明吧？湖北大别山区也有一个"教授县"蕲春。高校在录取的时候，是不是也该向这两个地方的考生倾斜呢？

和很多激烈的辩论者不一样，我并不认为北京人比外地人素质还低。这点必须公道。准确的说法或许应是：单单拿城市比乡村，北京的大部分人口在城里，外地的大部分人口在乡村，总的来说，某些方面的素质，大部分北京人比大部分外地人要高；另外某些方面的素质，大部分北京人比大部分外地人要低。

但仅就中小学教育水平来讲，我们并不能把"北京教育水平比外地高"当做一个毋需论证的公理。对于实际的教育水平，北京人不要太自信。事实上，由于北京的招生分数线长期偏低，致使大量平均分数只有四五十分（按百分制计算）的不及格考生进了师范，进而大大影响了北京中小学教师队伍的整体水平。事实上，外地的高中名校与北京市的名校相比，各方面都不差。那些学校的学生学习负担一点也不重，业余兴趣爱好的发展不怎么受影响，体育课、音乐课等等一直开到最后一个学期结束。若就大中城市的一般中学而言，外地学生的学习压力肯定比北京同类学校大得多，但教师水平及敬业精神总体上也确实比北京高。至少，外地大中城市是不可能让一个数学高考不及格的人当上数学老师的。近些年，北京、上海的重点中学大批引进外地（主要是中小城市）教师，就是这个缘故。

其三，说北京、上海人口多，就业困难，所以必须多招收这两地的学生，这也是瞎说。

目前中国还有比北京、上海就业机会更多的大城市吗？

其四，所谓"高校分布决定论"也不成立。目前中国高校最密集的城市，确实是北京和上海，其次是武汉和西安。而我们知道，湖北长期以来曾一直是高考分数线全国最高的省份。

有人指出，驻各省的部属高校都对当地考生倾斜，有的要求本地生源达到总招生数的一半甚至更多，远远超过了驻京部属高校的本地招生比例。这没错，但是在北京共有多少所部属高校呀！根据去年的不完全统计，北京面向全国招生的部属高校约有50所之多。即使每所的本地生源比例仅有10%，那也是50个10%！而在全国第一人口大省河南，连一所部属重点高校都没有。

北京比外省高校多，在北京的录取比例比外地略高一些是合理的。但问题是，现在它高得太多了，已经远离合理的底线了。

至于某些省也制定了向省会倾斜的低分数线，这并不能成为上边赐予北京低分数线的理由。恰恰相反，前者是后者的结果，地方是跟北京学的，我们不能倒果为因。拿2001年高分第一大省山东来说，其省会济南比起青岛，不论规模还是发达程度，都有极大差距，说青岛孩子比济南孩子素质低是没人相信的，但青岛的本科控制线就硬是比济南高出二三十分。这合理吗？不合理。但由于上边照顾北京在先，所以他们也张不开嘴对山东的做法进行指责。

二

提起公平问题，容易被指责为"不够理性"，那么，按照理性的标准研究社会现象，最基本的尺度是什么呢？是"利益"。如果引入了"利益"这个尺度，关于高考分数线的问题是非常容易说清楚的。并且，也只有用这一尺度才能说得清楚。

举例来说。国家教委、教育部在 1996 年和 1998 年，曾两次对保送生制度的存废进行过研究。但是废除保送生制度的提议遭到了其他一些中央部委的教育司长们的坚决反对。

当时，这些部委都有自己直属的大学。他们反对的理由很清楚：这样一来，他们自己干部的孩子就捞不着保送进自己的大学了。直到高校管理体制发生重大变革，这些部委的学校都交出去了，教育部大幅度压缩保送生规模的方案才得以顺利出台。利益的作用就是如此刚性。

但必须说明的是，目前的高校录取比例分配反映出来的问题，与保送生制度出现的问题有本质不同。保送生制度虽然在实践中变了味，为特权、腐败所玷污，但它的设计初衷绝对是好的。而高校录取比例的分配，其设计动机则大有问题。

法治时代，强调"程序正义"——即便影响"实体正义"的实现，我们也要维护"程序正义"。高考的"实体正义"，表现为它能不能让每个真正优秀的学生获得受教育的机会，而目前的"法定程序"则是关门考试、按分录取。因此"程序正义"的含义就是分数面前人人平等，或者说，在升学机会面前人人平等。为了尊重程序，肯定会把某些实际上很优秀，但不擅长考试（现在的考试确实问题太多了！）的学生挡在大学门外。但既然这程序是一个现实的程序，我们当然还应该承认它的合法性，并且要求不论哪个地方的人都在程序面前人人平等。

三

我们可以证明现行的高等教育机会分配格局确实蕴含着极大的不公平，但却不可以期望很快消除这种不公平。既定的计划分配方案，反映着既定的、长期累积形成的利益格局，要改变这种格局是极其困难的。上大学容易，已经是北京人习以为常的一项社会福利，要想取消这一福利，就跟一家国有企业试图降低工资补贴标准一样难。短期内可以期待的，或许还不是"存量改革"，而是"增量改革"。把今后高校扩招的名额多向那些高考大省投放，从而逐渐使总的比例趋向合理。

目前这种"有计划的优惠"，是整个计划经济体制"地区优先发展"思路在教育领域的体现。就像国家在深圳"计划"了一个证交所，虽然理论上说它是面向全国的，但对深圳本地它就是有许多"倾斜""优惠"。为什么连深圳下面宝安县属的一个小养鸡厂也能获得上市资格？这公平吗？不公平，可也只好这样了。这和北京一个平均分不及格的孩子也能获得读本科的机会道理是一样的。相比之下，在高考中，被"计划"着的是人，而不是钱。这就使"计划"的不义性显得极为刺目，如是而已。

我们不能因为深圳过去从国家获得过"有计划优惠"的好处，就要求它今天把这些好处都吐出来。同样，我们也不能因为北京学生过去获得过类似的不公平利益，就要求"拨乱反正"，从此大家"分数面前人人平等"。

何况，不论是"计划"的"先发""后发"，还是"市场"的"先发""后发"，既已经"发了"，就没有再退回来的道理，都只能继续往前走。或许，由于"不公平"的存在,北京将率先使高等教育由精英教育转变为大众教育。或快或慢,全国各地都将实现这种转变。从这一趋势看,把北京往回拽,也说不通。

最终解决问题,要靠整个高考制度和户籍制度的根本改革。

如果取消政府对招生名额的计划管制,高校拥有充分的、不受社会其他利益集团左右的办学和招生自主权,甚至可以自主命题或自主选择命题,不但分数线地区差异公平不公平的问题将不再存在,更重要的是,目前由"高考指挥棒"导致的压抑学生个性、创造力,"死读书""读死书"的顽症也会得到根治。

如果高校真正实行"宽进严出",就算有些学生凭着种种"优惠"进了大学,假定他们入学后表现不佳,也会被淘汰出来,谁也不必再抱怨公平不公平了。

如果民办教育不再受到政策性歧视,不论什么性质的大学的毕业证书都平等地在人才市场上接受检验;如果高等教育不再具有"农转非"等等与教育本身无关的"社会身份跃迁"的桥梁职能,大家也就不必死咬着"分数线"这一根筋,去计较它到底公平不公平了。

如果有一天,共和国第一部《宪法》确立的公民自由迁徙权利能够重新获得肯定,所谓"公正不公正"问题的前提也将自动消失。

但是,当根本改革高考制度和户籍制度的时候,或许会发现,我们面对的是与改革高校招生比例同样的障碍。取消了计划摊派,重点高校实行自主招生,如果他们不再愿意招收这么多北京学生,怎么办?破除城乡壁垒,允许人口自由流动,北京人更不可能全体赞成。目前,仅在中关村,就有近万名外地大学生在那里工作,落不了户口。

一位北京人在网上讲了一个令人心酸落泪的故事:在某省一座大城

市，有一对大学生夫妇，四处托人，要把他们8岁的儿子送养给北京人。为了孩子将来能够更容易地考上一所好大学，他们宁愿舍弃骨肉！

这位网友痛切地说："作为一个北京小学生的母亲，我想，我儿子将来是否可以进北大清华不是最重要的，最关键的是我希望将来他能够生活在一个进步平等的环境里。""在一个不平等的环境里，做个一类大学的学生也没有什么可骄傲的。尽管在教育这一方面他占到了一点小便宜，但他有可能受到其他的不公正待遇……公平的社会是所有中国人的未来，那里也将有我儿子的未来。"

这是我在七嘴八舌的"分数线"讨论中所听到的最理性、也最感人的声音。中国改革的前景，在某种程度上，就取决于这种声音的音量大小。

政绩统计法

郭庆晨

如今的许多统计工作，靠正常的加减乘除怕是难以胜任了。特别是统计涉及领导者的政绩的时候，就更别有一帖妙方，是传统的计算方法所不能及的，不能不说是一种创造。

笔者经过一段时间的考察，发现了几种常用的政绩统计法。

其一，1/3+1/3+1/3=3。

按正常的计算方法，这个式子当然不能成立，结果当然也是错误的。但作为政绩统计法之一，却是再正常不过的了。

举例说明：某单位送温暖、做好事，声名远播，引来上级各个部门派人前来调查。从工会的角度统计，做好事1200件；从共青团的角度统计，做好事也是1200件；从妇女工作的角度统计，做好事还是1200件。

本来这个单位总共做好事 1200 件，因为是被三个不同的部门所统计，最后的结果便成了三个 1200 相加：3600 件。

一个单位工作有了成绩，各个部门纷纷介绍经验，一会儿是文明建设方面的，一会儿是思想政治工作方面的，再换个角度又成了激励人才成长方面的。介绍经验的部门也各不相同，今天介绍经验的是行政，明天介绍经验的是党委，后天介绍经验的是群众团体。乍一听，经验丰富，面面俱到。可细细品味，翻过来调过去不过就是那么几件事。好像是一个苹果被切成了几块，便成了几个苹果。

其二，1-1=2。

这个公式只有在相声里才成立：本来手里有一个，又"捡"了一个，就变成两个了。

这是笑话。可这里的 1-1=2 却不是笑谈。

某市在两个隔路相对的大商场之间架起了一座天桥，时间不长，顾客喊购物不便，商家叹营业额下降，汽车司机则反映交通不畅。于是，又不得不把高架桥拆掉。建了又拆，劳民伤财就不说了，顶多也就是个 1-1=0 吧！可在当地领导的政绩表上，却是建了一座桥，拆了一座桥。岂不是 1-1=2 吗？

再比如，某地一个广场上，先是建了一个音乐喷泉，报纸上便宣传这喷泉如何丰富了群众的业余文化生活。没过多久，喷泉被填掉，改成了一个花坛。报纸上又说这花坛是多么优雅，美化了社区的环境。明明是花了双倍的钱做了一件事，在该地城建部门的政绩表上却赫赫然统计出了两件事。此类事情可以视为 1-1=2 的变种。

其三，（A×0）+（B×0）+（C×0）=A+B+C，说明：A、B、C 均为正整数。按照"任何数与零相乘都等于零"的数学基本概念，（A×0）

+（B×0）+（C×0）应该等于零才对，而在这里，无数个与零相乘的正整数相加，得出的却是无数个正整数之和。会吗？会的。而且只有在统计政绩的时候才会有这种结果。

举例：某单位，第一年植树500棵，一棵也没活；第二年又植树700棵，仍是一棵没活；第三年再植1000棵，照样是没活一棵。一共栽活了多少棵树呢？一棵没有。可是向上级汇报的数字，却是500+700+1000=2200。多么可观！难怪，据说照历年上报的统计数字，一些地方的树已经栽到了农家的炕头上，人们睡觉都要睡到树上去。可实际上呢？哎，不说也罢！

如此政绩统计法，几乎所有的数字都令人生疑，都让人瞅着眼晕——谁知道这数字被乘了几次零？被删掉了几多分母？

若说政绩统计法统计的所有数字都不准确，也不尽然。它至少能准确地计算出干部与数字间的关系：数字上去了，干部也上去了。

数学之美

佚 名

$1 \times 8 + 1 = 9$

$12 \times 8 + 2 = 98$

$123 \times 8 + 3 = 987$

$1234 \times 8 + 4 = 9876$

$12345 \times 8 + 5 = 98765$

$123456 \times 8 + 6 = 987654$

$1234567 \times 8 + 7 = 9876543$

$12345678 \times 8 + 8 = 98765432$

$123456789 \times 8 + 9 = 987654321$

$9 \times 9 + 7 = 88$

$98 \times 9 + 6 = 888$

987 × 9+5=8888

9876 × 9+4=88888

98765 × 9+3=888888

987654 × 9+2=8888888

9876543 × 9+1=88888888

98765432 × 9+0=888888888

1 × 9+2=11

12 × 9+3=111

123 × 9+4=1111

1234 × 9+5=11111

12345 × 9+6=111111

123456 × 9+7=1111111

1234567 × 9+8=11111111

12345678 × 9+9=111111111

123456789 × 9+10=1111111111

1 × 1=1

11 × 11=121

111 × 111=12321

1111 × 1111=1234321

11111 × 11111=123454321

111111x111111=12345654321

1111111x1111111=1234567654321

11111111x11111111=123456787654321

111111111x111111111=12345678987654321

源自赌博的概率论

郭雨萌

赌博遇到数学问题

概率论起源于 17 世纪中叶，是研究随机现象规律的一个数学分支。

当时在人口统计、人寿保险等工作中，要整理和研究大量的随机数据资料，这就需要一种专门研究大量随机现象的规律性的数学。但当时促使数学家开始研究概率论的却是一些赌徒。

三四百年前的欧洲许多国家，贵族之间盛行赌博，掷骰子是他们常用的一种赌博方式。因骰子的形状为正方体，当它被掷到桌面上时，每个面向上的可能性是相等的，即出现 1~6 点中任何一个点数的可能性是相等的。有的参赌者就想：如果同时掷两颗骰子，则点数之和为 9 与点数之和为 10，哪种情况出现的可能性较大？

17 世纪中叶，法国有一位热衷于掷骰子游戏的贵族德·梅耳，发现了这样的事实：将一枚骰子连掷四次至少出现一个六点的机会比较多，而同时将两枚骰子掷 24 次，至少出现一次双六的机会却很少。

这是什么原因呢？后人称此问题为德·梅耳问题。又有人提出了"分赌注问题"：两个人决定赌若干局，事先约定谁先赢得 6 局便算赢家。如果在一个人赢 3 局，另一人赢 4 局时因故终止赌博，应如何分赌注？

诸如此类的需要计算可能性大小的赌博问题提出了不少，但他们自己无法给出答案。

数学家参与"赌博"

参赌者拿他们遇到的上述问题请教当时的法国数学家帕斯卡，帕斯卡接受了这些问题，他没有立即回答，而是把它交给了另一位数学家费马。他们频频通信，互相交流，围绕着赌博中的数学问题开始了深入细致地研究。这些问题后来被来到巴黎的荷兰科学家惠更斯获悉，回荷兰后，他独自进行了研究。

帕斯卡和费马一边亲自做赌博实验，一边仔细分析计算赌博中出现的各种问题，终于完整地解决了"分赌注问题"，并把该题的解法做了进一步验证，从而建立了概率论的一个基本概念——数学期望，这是描述随机变量取值的平均水平的一个量。而惠更斯经过多年的潜心研究，解决了掷骰子中的一些数学问题。1657 年，他将自己的研究成果写成了专著——《论掷骰子游戏中的计算》。这本书被认为是关于概率论的最早的论著。因此可以说概率论的真正创立者是帕斯卡、费马和惠更斯。这一时期被称为组合概率时期，可以计算各种古典概率。

在他们之后，对概率论这一学科做出贡献的是瑞士数学家族———贝努利家族的几位成员。这个家族中最著名的数学家雅可布·贝努利在前人研究的基础上，继续分析赌博中的其他问题，给出了"赌徒输光问题"的详尽解法，并证明了被称为"大数定律"的一个定理，其内容是：在随机事件的大量重复出现中，往往呈现出几乎必然的规律。通俗地说，在实验条件不变的情况下，重复试验多次，随机事件出现的频率近似于它的概率。

我们用掷骰子来说明"大数定律"。大家都知道骰子掷出 1、2、3、4、5、6 点的概率各是六分之一，可是实际上掷六次却很难得到 1、2、3、4、5、6 点各一次，那这个概率到底是如何得来的呢？以前有位西方数学家，掷了一万次，得出来各点的概率不是等于六分之一，他又继续掷，掷了五万次……六万次……十万次，发现得到 1、2、3、4、5、6 点的概率愈来愈平均，也就是六分之一。

"大数定律"的发现和证明过程是极其困难的，雅可布·贝努利做了大量的实验，首先猜想到这一事实，然后为了证明这一猜想，他花费了 20 年的时光。雅可布将他的全部心血倾注到这一研究之中，从中找到了不少新方法，取得了许多新成果，终于将此定理证实。

雅可布的侄子尼古拉·贝努利也真正地参与了"赌博"。他提出了著名的"圣彼得堡问题"：甲乙两人赌博，甲掷一枚硬币到掷出正面为一局。若甲掷一次出现正面，则乙付给甲一个卢布；若甲第一次掷得反面，第二次掷得正面，乙付给甲 3 个卢布；若甲前两次掷得反面，第三次得到正面，乙付给甲 5 个卢布。一般地，若甲第 n-1 次掷得反面，第 n 次掷得正面，则乙需付给甲 2n-1 个卢布。问在赌博开始前甲应付给乙多少卢布才有权参加赌博而不使乙赔钱？

尼古拉同时代的许多数学家研究了这个问题，并给出了一些不同的解法。但其结果是很奇特的，所付的款数竟为无限大。即不管甲事先拿出多少钱给乙，只要赌博不断地进行，乙肯定是要赔钱的。

走出赌博成为严谨的学科

随着18~19世纪科学的发展，人们注意到某些生物、物理和社会现象与机会游戏相似，从机会游戏起源的概率论自然被应用到这些领域中，同时也大大推动了概率论的发展。法国数学家拉普拉斯将古典概率论向近代概率论推进，他首先明确给出了古典概率论的定义，并在概率论中引入了更有力的数学分析工具，将概率论推向了一个新的发展阶段。

概率论在20世纪迅速地发展起来，现在，概率论与以它作为基础的数理统计学一起，在自然科学、社会科学、工程技术、军事科学及工农业生产等诸多领域中都起着重要的作用。卫星上天、导弹巡航、飞机制造、宇宙飞船遨游太空等都有概率论的功劳；及时准确的天气预报、海洋探险、考古研究更离不开概率论与数理统计；在社会服务领域，概率论的应用更为明显，比如应用排队过程模型来描述和研究电话通信、机器损修、水库调度、病人候诊等一系列服务的系统。

概率论作为理论严谨、应用广泛的数学分支正日益受到人们的重视，并将随着科学技术的发展得到发展。

一个猜数游戏

马克·布坎南

李晰皆　译

1987年的某一天，《金融时报》上出现了一则奇怪的竞猜广告，邀请银行家和商人参加一个数字竞猜比赛，参与者必须在0到100之间选择一个整数寄回去。谁猜的数字最接近所有数字之和的平均数的2/3，谁就是赢家。如果猜中数字的人不止一个，那么就以随机抽签的方式选出唯一一个赢家，奖品是协和航空从伦敦到纽约头等舱的往返机票，价值超过一万美元。

想象一下，如果你也参加了竞猜的话，你会怎么选择数字呢？根据传统经济学的观点，你会理性地选择一个数字，可是，怎么选才是理性的呢？

你显然不知道其他人会选择哪个数字，这样一来，想要理性就有点困难。所以，你可能一开始会做一个大概的猜测：也许人们选择的数字在 0 到 100 整个范围之间随机变化，这样的话，平均数大约是 50，所以 33 会是个不错的选择，因为 33 接近 50 的 2/3。你满怀期待地寄去了这个数字，接着又来了一个明显的问题——如果其他人都和你想的一样，情况又会怎样呢？

如果真是那样的话，那么其他人也会选择一个 33 左右的数字，所以平均数就不是 50，而是 33 左右，那么 33 的 2/3 就是 22。你可以把这个数字寄回去，或者按照这一思路再仔细想一想。如果其他人又和你想的一样，那么平均数就是 22 了，所以最佳的猜测实际上是 15 左右的数字。

以此类推，你想得越多，数字就会变得越小，而真正的疑问也来了，你究竟该停在哪个数字上？继续按照这一逻辑推理，你会开始怀疑每个人都会选择一个非常小的数字，甚至可能就是 0。而实际上，0 这个数字也是一个符合数学逻辑的答案，因为 0 的 2/3 还是 0，每个人都选择 0 的话，那么每个人都猜对了。理性的经济学家会选择 0，但是除了他们之外，其他人会这么选吗？

结果是，的确还有其他人选择了 0，但是并不多。这个奇怪的猜数游戏是由芝加哥大学的理查德·泰勒设计的，当他把寄来的数字列成表格的时候，他发现，有少数一部分人真的选择了 0，而很多人选的都是 33 和 22——逻辑思维停在了第一步或第二步。最后的统计结果是 13。

泰勒设计这个猜数游戏主要是为了说明，理性的经济学家头脑中人的行为方式与现实生活明显不符。认为人们应该选择数字 0 的想法来自于经济学的传统理论，也就是大家都知道的"博弈论"，它讨论的是理性的人在竞争性的环境中，怎样能有最佳的行为表现。

20 世纪 50 年代，数学家约翰·纳什——电影《美丽心灵》主人公的原型——证明了，一个理性的人在得知其竞争对手也都理性的情况下，很多时候他总是能找到一个"最佳"策略加以运用。所以，在泰勒的猜数游戏中，最佳的策略就是选择 0。因为，如果每个人都是完全理性的，那么他们都会选择同样的数字，而 0 是唯一一个等于平均数 2/3 的数字。

但问题是，理性的经济学家来参与这个竞猜的话，就一定会输。

事实上这么猜既不理性也不聪明，不过只是天真烂漫而已，尤其是他们把人的行为想得太简单了。一个经济学家能够尽量让自己变得理性，但是他无法让其他人和他一样理性。

这个竞猜游戏不是一个纯粹的数学问题，因为最佳数字是根据所有人选择的实际数字而定的，而谁也不知道人们会出于多么疯狂的理由来选择那些数字。结果，这个竞猜游戏和理性一族的博弈论扯不上一点关系，但非常重要的是，我们每天都会遇到和这个游戏相似的实际情况，仅仅依靠推理和逻辑是根本应付不了的。

举个例子，早晨开车去上班，为了避免交通堵塞，你会选一条别人不会走的路。但是，其他人也会这么想。结果你的想法就变成，许多人都在尝试做一些大多数人不会做的事，但理性地说，这是不可能的，因为人们无法猜透别人的心思。再想想股票买卖，因为牵涉到大笔的资金，所以你想理性地采取行动应该总能赢利吧。

其实不然。经济学中有个古老的论点，认为股票的价格必定反映了其公平合理的价值，因为投资者是理性的，他们会买进那些价值被低估的股票，使股价上涨，或者会卖出那些价值被高估的股票，直到股价跌落为止。理性的投资者之所以这么做，是因为在这一过程中，他们可以轻松挣到钱。

　　不过,事情没这么简单。假设某些聪明人发现个别股票的价格非常低,为了轻松获利,他们或许会理性地买进持仓,想着等股价涨到应有价值的时候,再卖出赚上一笔。但是,就像泰勒的猜数游戏中理性的经济学家一样,他们对股票的看法也许是对的,但是把人想得太简单了。因为还存在着非理性的投资者,他们完全得不到资讯,也没有好的理由要持有这只股票,觉得自己会输钱的他们就继续抛售,使得股价跌得更低。无论这看起来有多可笑多恼人,他们还是会这么做。

　　所以,在股票市场中一个绝对理性的投资者也会赔本。因为股市的运作是建立在人们的信念上的,而不同的人又有不同的信念和想法,所以在这种情况下还要力求做到理性,反而就太奇怪了。

　　如果认为克利夫兰的气温可以影响股市的人足够多,那么这个城市的温度真的就能影响股市,所以作为一个明智的投资者,则最好在买卖股票之前,先查询一下克利夫兰的天气情况,哪怕这听起来是多么"不理性"。说穿了,理性只是一个某些时候可以使用的工具而已,甚至这个工具只能停留在理论的层面。

　　或许还会有人希望能保全理性选择的理论,但是对于他们来说,继续探索下去只会使情况变得更糟。甚至有时候,在做出一个符合逻辑的决定之前,连孩子都会做的计算,我们大多数人反而不会了。所以看来,出错是我们人类甩不掉的遗传基因。

我的名字叫"谁也不是"

郭世琮

在著名的荷马史诗《奥德赛》中，尤利西斯是如何回答囚禁他的独眼巨人波吕斐摩斯的呢？他说："独眼巨人，你问我的光荣的名字，我将告诉你。我的名字就叫'谁也不是'。我的父母，我的所有的同伴都叫我'谁也不是'。"波吕斐摩斯在被尤利西斯弄瞎眼睛之后，向来救他的其他独眼巨人大声喊道："朋友们，'谁也不是'要杀死我。"他的朋友们闻之便纷纷走开了。

尤利西斯这位狡猾的英雄人物与粗鲁的波吕斐摩斯完全不同，他深知"没有任何人"与"称为谁也不是的人"含义是不同的。但是在数学中，当我们遇到"0"时却往往会产生以为二者没有区别这样一种误会，"0"在现存数字中，是一种奇怪的令人厌烦的数字。

在"0"进入数字大家庭之前的数千年间,"0"很少能被想把它搞明白的人搞懂。

事实上,在有数字概念之前,人们拥有的是"一一对应"的概念,也就是把一个集合的每一成分和另一集合的每一成分一一对应起来。在很多考古发掘中,找到了相当多的动物骨头,上面刻有纹道,这些纹道可能就代表拥有的动物数,每一道代表一个动物,有多少动物就有多少纹道。数字作为一一对应物体的更多集合的共同特性被识别,是人类进化中质的飞跃。英国哲学家伯特兰·罗素(1872—1970)曾写道:"曾经需要很多个世纪才能发现,一对环颈雉和两天,这两者都用'2'这个数字表述。"

在数字被发现后很久,人们还不懂得"0"。人们发明了各种符号和规则以代表这些数字,也就是人们发明了计数的各种方法和系统,从最简单的符号叠加(如古罗马人那样)到精心设计的如我们今天使用的数字系统,在这些数字中,每一个数值都取决于它在数字中的位置,比如"3",在"333"中就意味着是"3"或者"30"或者"300"。而正是在这些最新的计数系统中,产生了对"0"这个数字的需求。

美索不达米亚人似乎是最早发现这种计数法的人。他们早在4000年前就创造了一种以"60"为基本单位的进位计数法(以60为基本单位的计数法延用至今,我们现在仍继续用于角的量度和时间的分割)。美索不达米亚人的楔形书写牌(表)就是历史的见证,它表明最初区别"12"与"102"时是留有一个空间。后来为了避免误解,加入了两个倾斜的楔子,以便指出相应数码空位。事实上它就成了这种形状:

第一个符号指"12",第二个符号指"102":两个倾斜的楔子首次作为"0"的符号被应用。显然,在以"60"为基本单位的计数系统中,符号"12"并不意味着是 12，而是 $1 \times 60+2=62$，而"102"则对应于 $1 \times 602+0 \times 60+2=3602$ 这个数。公元 2 世纪，在埃及的亚历山大生活过的天文学家托勒密好像使用过一个小的"0"，上面还画有一个横道；"0"是 Ouden 的第一个字母，Ouden 在古希腊语中是"无"的意思。

这就使我们可以做出假设，现在使用的"0"这个符号是在希腊文明处于衰落时从地中海地区传向印度的。印度居民特别具有计算才能，他们发展了一种以"10"为基本单位的进位计数法，用符号"点"来表示"0"。

在中国起初是以竹棍、骨签、铁棒来计数的。春秋战国时期的算筹计数法中已经使用十进位制，约公元 4 世纪成书的《孙子算经》中的算筹系统中已经用空位来表示零。当书写计算兴盛起来之后，"0"就变成不可或缺的了，于是在空格的地方就填上了一个圈。

在中美洲，玛雅人也发展了一种以"20"为基本单位的进位计数法。在那里，"点"代表基本单位，横杆代表"5"，一只半闭的眼睛则代表空位（零）。

通过与中国、印度的商业交流，阿拉伯人把东西方的数学加以融合和发展，在公元 1000 年前后，"0"又经阿拉伯人重新传回地中海地区。

意大利数学家列奥纳尔多（1175—1240）在《算盘书》中写道：印度人的 9 个标记是 9, 8, 7, 6, 5, 4, 3, 2, 1。用这 9 个标记和"0"（阿拉伯人称其为 Zefiro）便可写出任何数字。从 Zefiro 演绎为阿拉伯名词 Sifr，"数字"和"0"均源于这个字。

这样看来，"0"同其他所有数字走过的路恰好相反。"0"起初作为空位符号诞生，而只是在很晚的时候才被看做是数字。

只是从 20 世纪初开始，也就是在数字和计数系统连贯理论发展之后，我们才能说"0"是所有空集的共同特性，就好像可被"2"除尽的奇数的集合，长翅膀的大象的集合或者地球上高达 3 万米的高山的集合……所有这些集合都具有一个共同的"0"的特性，而每一个集合都可被理解为是"0"数字的代表。

在运算中，"0"同其他的数字表现不同：人们知道 0+0=0 和 3+0=3，也就是"0"可以表示为任何数与它相加数值不变，因此在加法中，它是一种中性因素。人们还知道 0×0=0 和 3×0=0，因此在乘法中"0"吸收了所有的其他数字。但 0÷0=？和 3÷0=？鉴于除法的反向运算，为回答第一个问题，我们应当找到一个乘以"0"的数，即得到数"0"；但这个特性可由任何数字给予满足，因此 0÷0= 就有一个无穷多的得数，人们称之为不定式。

不存在一个乘以"0"得数为"3"的数，因此 3÷0 的运算是一种无意义的表述，因为没有得数。"没有任何数"与一个"称为 0 的数"含义并不相同。

印度数学家婆什迦罗几乎在 1000 年前就写道："一个分母为 0 的分数，不管给它加或减什么，它都会保持不变，就犹如世界的诞生和末日的来临，在永恒的上帝那里都不会发生任何变化。一个除以 0 的数被称为无穷大的量。"婆什迦罗就这样超前提出了数学分析的一个重要的基本概念：如果使除数变得越来越小，那么，一项除法的得数就会变得越来越大。比如：3÷0.1=30，3÷0.01=300，3÷0.0000001=30000000，等等。可以说，当一个分数的分母向零靠近时，得数就会趋向无穷大。

数学家设计的作战方案

卢保亮

　　数学与军事结盟，用数学方法设计作战方案，在古往今来的战争中十分常见，效果也十分明显。二战期间的几个战例就能给我们很多启示。

　　巧妙对付日机轰炸。太平洋战争初期，美军舰船屡遭日机攻击，损失率高达 62%。美军急调大批数学专家对 477 个战例进行量化分析，并得出两个结论：一是当日军飞机采取高空俯冲轰炸时，美舰船采取急速摆动规避战术的损失率为 20%，采取缓慢摆动的损失率为 100%；二是当日军飞机采取低空俯冲轰炸时，美军舰船采取急速摆动和缓慢摆动的损失率均为 57%，美军根据对策论的最大最小化原理，从中找到了最佳方案：当敌机来袭时，采取急速摆动规避战术。据估算，美军这一决策至少使舰船损失率从 62% 下降到了 27%。

理智避开德军潜艇。1943 年以前，大西洋上的英美运输船队常常受到德国潜艇的袭击。当时，英美两国由于实力有限，又无力增派更多的护航舰艇。一时间，德军的"潜艇战"搞得盟军焦头烂额。为此，一位美国海军将领专门请教了几位数学家，数学家运用概率论分析后发现，舰队与敌潜艇相遇是一个随机事件，从数学角度来看这一问题，它具有一定的规律：一定数量的船编队规模越小，编次就越多；编次越多，与敌人相遇的概率就越大。美国海军接受了数学家的建议，命令舰队在指定海域集合，再集体通过危险海域，然后各自驶向预定港口，结果盟军舰队遭袭被击沉的概率由原来的 25% 下降为 1%，大大减少了损失。

准确估计日舰开进路线。在新几内亚作战期间，美军得到了日军将从新不列颠岛东岸的腊包尔港派出大型护航舰队驶往新几内亚莱城的情报。日军舰队可能走两条航线，航程都是三天。其中北面的航线云多雾大，能见度差，不便于观察；南面的航线能见度好，便于观察。

美军也有两种行动方案可供选择，即分别在南北航线上集中航空兵主力进行侦察、轰炸：若日军选择走北线，美军也选择北线，受天气影响，只能有两天的轰炸时间；美军若选南线，则由于在南线侦察耽搁一天，到北线侦察延误一天，只能争取一天的轰炸时间。因此，日军选择北线，被轰炸天数为一至两天；根据同样的判断，若日军选择南线，则被轰炸天数为两至三天。美军由此断定日军必走北线，真实情况果真如此。日军舰队起航一天后，在北线被美军发现并被轰炸两天，结果损失惨重。

算准深水炸弹的爆炸深度。二战期间，英军船队在大西洋航行时经常受到德军潜艇的攻击。为此，英国空军经常派出轰炸机对德军潜艇实施火力打击，但轰炸效果十分不理想，对德军潜艇几乎构不成威胁。英军将领请来一些数学家专门研究这一问题，结果发现，从德军潜艇发现英军飞机便开始下潜，到深水炸弹爆炸时，只下潜了 25 英尺，而炸弹却已下沉到 70 英尺处爆炸，从而导致毁伤效果的低下。经过科学论证，英军果断调整了深水炸弹的引信，使爆炸深度从水下 70 英尺减为水下 30 英尺，轰炸效果较过去提高了 4 倍，德军还以为英军发明了新式炸弹。

飞机止损护英伦。二战初期，当德国对法国等几个国家发动攻势时，英国首相丘吉尔应法国的请求，动用了十几个防空中队的飞机和德军作战。由于这些飞机必须在欧洲大陆上的机场维护，空战中英军飞机损失惨重。与此同时，法国总理要求继续增派十个中队的飞机，丘吉尔决定同意这一请求。英国内阁知道此事后，找来数学家进行分析预测，并根据出动飞机与战损飞机的统计数据建立了回归预测模型，发现如果补充率和损失率不变，飞机数量的下降是非常快的。用一句话概括就是"以现在的损失率损失两周，英国在法国的飓风式战斗机便一架也不存在了"。内阁希望首相收回这个决定，最后，丘吉尔同意了这个要求，并将留在法国的飓风式战斗机只留下三个中队，其余的在几天内全部返回，为下一步的英国本土保卫战保留了必需的实力。

秦俑密码

［英］摩利斯·科特罗

陈忠纯　仝卫敏　秦　颂　编译

十大脸型的秘密预言

考察出土的兵马俑时，考古学家吃惊地发现，这些士兵的脸型，加上他们的头型和发型，恰好与 10 个汉字的形状相一致。这些汉字分别是：日、甲、由、申、用、自、目、风、田和国。奇怪的是，尽管来自西安的正式考古记录提供了汉字字符的名称，考古学家却从未解释过它们的含义。

或许他们从未想过要去探询每一个字符代表什么，可是了解这十个汉字的含义，是不是有助于我们解开兵马俑背后的诸多谜团呢？我们带

着期待翻开了在西方世界最为著名的汉英字典——《林语堂当代汉英字典》,得到了如下信息:"申"这个字,即指猴,在中国的黄道十二宫图(十二地支)中是第9个。

许多古代文明都认为,9是在和神灵成为一体(10)之前能够达到的最高的数字。因此,古代的诸多太阳崇拜文明都用9这个数字来代表神灵,999这个数字则象征一个至高无上的神灵、一位精神导师;999的颠倒数字666,在《圣经》中则用来表示野兽的数目。

中国神话中流传着美猴王的故事:在到达西天之前他克服了81(9×9)次磨难。据此我们可以推断"申"这个字与猴、数字9以及神灵有关。

把字典中对这10个字的解说拿来对这10个脸型进行解释,我们就会得出这样一个信息:

注视着秘密坑道中的这些士兵,分别去理解这些汉字的含义,去想象自开天辟地以来的故事，一个关于太阳崇拜的故事。

或者可以这么说：仔细观察坑道中的士兵，然后破解这个自开天辟地以来关于太阳崇拜的神秘故事。

发型之谜

兵马俑的发型可分为三类：第一种发型是将发辫交于脑后，再把头发束于头顶一侧成绾髻；第二种发式需要在头顶束成发髻状，再将后脑、两鬓的发辫缝于脑后，固定成发髻；第三种发式需要在头顶束成发髻，然后压以布冠，再用组缨固定到下颏底部。

兵马俑发型奇特而复杂，自然引发了我们的疑问：为什么一支参加战斗的身着厚重铠甲的部队，头部却没有得到任何防护？这支部队的理发师在哪里？这些各式各样的发型到底隐藏着什么样的奥秘？

图 1

让我们考察一下其中的一例发型（图1），三束头发在颈部分开而在顶部结成一条辫子。这三束头发形成了一根双股辫。太阳穴周围的头发也是这样处理的。用这种方法，3+3+3（9）变成2+2+2（6）。

利用这种方法，神秘数字9可能转化成神秘数字6。反之亦然。

图2展示了另一种发型：太阳穴的发辫与顶部的发辫汇

图 2

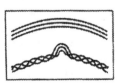

图 2a

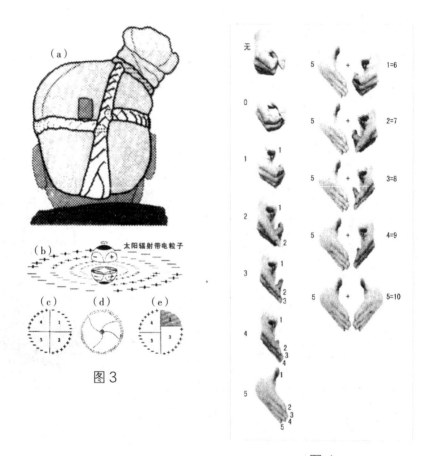

图3

图4

合，在竖直的发辫里形成一个结，这酷
似太阳黑子的形状（图2a）。

　　接着，在之前的发型基础上发展成散开的太阳黑子的圆环。

　　发型把头部分成大小不等的四份（图3a），模仿太阳朝地球方向辐射
的四股大小不同的太阳风（图3d）。

　　在兵马俑中所见到的极为精致且复杂的辫子，类似于人类的生殖器
官。因此，各式各样的发型似乎把兵马俑与太阳以及人类生殖崇拜联系
了起来。

手势之谜

仔细考察兵马俑的形状，发现有的武士俑紧握拳头，有的稍稍松开拳头，似乎正握着长矛，还有的伸开拇指和其他手指，或弯曲着拇指和其他手指。考察可能的组合可以看出，攥紧的拳头表示"无"。

拳头微微张开，拇指和食指在一起围成一个圈，代表0。从拇指开始展开的手指，依次表示数字1、2、3、4、5。这样，一只伸展的手等于5。这个与左手应用相似的算法配合，产生数字6到10，如图4中所演示的。这意味着跪射武士俑的数字是6,在左手的（5）加上右手伸开的拇指（1）。

对将军俑手指的检验证实这个说法是正确的（图5）。将军俑采用了这个规则的一种变体。它的手交叉着，表示数字10，但一个食指伸开，并指向离开手的方向。10减去1等于9。因此，作为最高级的军官，将军的数字是9，这样，射手跪着是因为他的数字低于将军较高的数字9。

图5作为最高军阶的将军，它的数字符号紧随着其他武士俑的数字符号。特殊的数字9，表示成10-1，而不是5+4（在大约同时期欧洲的罗马人也有类似的表示法，9被写成X-Ⅰ=ⅠX）。这样，将军和数字9都从所有的数字中凸现出来。

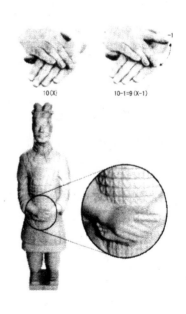

图5

数字化生存

查一路

远房侄儿在外地卖蒸馍，这玩意儿不起眼，可挺赚钱的。问他今年赚了多少？他朝我伸出一个指头，表示 10 万。

这个数字按理说能带给人惊喜，可送他去车站的路上，见他怔怔地想一件事，并没显得多轻松和快乐。他说他在想着明年，接着伸出两个指头，后年……伸出的指头不断增加。可就是这些不断往外伸的指头，让他的脸越绷越紧。

他的奋斗，如同当下大多数人一样，简单明了，已经量化成数字，或者说生活的意义即每年增加一个手指头。

数字化生存固然励志，由于目标量化，故明确，能让人一步一个台阶上升。可是，相应地一层层增加了难度。

如今，数字往往带来压力。比如，给经济带来压力的 GDP 是数字，给生活质量带来压力的 CPI 是数字，区别社会贫富分化的基尼系数是数字……美国麻省理工学院教授尼葛洛庞帝写过一本书叫《数字化生存》，他说，人类一步一步陷入一个虚拟的、数字化的活动空间，数字将成为人们的焦虑之源，生活将被抽象化。

一位研究社会心理学的学者告诉我，有一次他在大街上扮演一个失忆的人，结果发现：现代社会，如果谁患上了失忆症，那他简直没法活了。忘记了门牌号码找不到家门，想去银行取钱忘记了银行卡的密码，忘了别人手机号无法跟人联系，想报警忘记了110……一旦忘了作为"钥匙"的数字，眼前的一切忽然有了陌生感和被遗弃感，恍如隔世。

于是，人们越来越注重数字。于是，焦虑，让数字目标的确立超越了事物本身的需要。

与数字化生存相反，我欣赏香港作家蔡澜的一段文字。他去苏州，看到在生活环境最坏、最穷困、日子都快过不下去时，苏州男人还会拿一个茶杯放一点水，放一点浮萍在上面，每天看着这个浮萍长大。

这貌似行为艺术，简单而有趣，却不乏轻松。

家庭财务中的几个数字定律

熊　涛

　　财富规划其实是件很个性化的事情，每个家庭的收入情况不一样，主人性格千差万别，可以开发的资源不同，这些都决定了你的理财方式跟别的家庭不尽相同。但是所有的家庭理财又有一些共性的东西，比如说理财的一些基本原则。这些基本原则虽然可能很简单，但它们是已经被无数人证实过的、行之有效的、基本的财富处理方式。所以掌握这些原则，即使没有更多的理财动作，你也能让家庭财富稳定，令抗风险能力较之其他家庭更高。

4321 原则

所谓 4321，就是说我们可以把家庭的收入分成 4 份，比例分别为 40%、30%、20% 和 10%，把这些钱分别用于投资、基要生活开销、机动备用金以及保险和储蓄。

这种划分理论比较像一个理财金字塔，其中，投资的部分由风险投资和稳妥投资合并而成。

80 法则

80 法则是理财投资中常常会提到的一个法则，意思就是放在高风险投资产品上的资产比例不要超过 80 减去你的年龄。

比如说你今年 30 岁，包括存款在内的现金资产有 20 万，按照 80 法则，你放在高风险投资上的资产不可以超过 50%，也就是 10 万。而到了 50 岁，你的现金资产有 200 万，那么也只能放 30%，也就是最多可放 60 万在高风险投资上。

80 法则的目的很明显，其实就是强调了年龄和风险投资之间的关系——年龄越大，就越要减少高风险项目的投资比例，从对收益的追求转向对本金的保障。

双十定律

双十定律的规划对象主要是保险。所谓双十，就是指保险额度应该为 10 年的家庭年收入，而保费的支出应该为家庭年收入的 10%。

打个比方，你目前的家庭年收入是 10 万，那么购买的意外、医疗、财产等保险的总保额应该在 100 万左右，而保费不能超过 1 万。这样做

Getty Images ┆ 图

的好处在于你可以用最少的钱去获得足够多的保障。

"不过三"定律

所谓"不过三"定律,意思就是房贷的负担不要超过家庭月收入的30%。比如你的家庭月收入是 1.5 万,那么房贷最好不要超过 4500 元。

其实无论哪种法则或者定律,都只是给我们设置了一个简单的框架。在此基础上进行理财,出问题的概率不会大,不过要想获得收益的稳定保障,我们还需要进一步分析家庭个性,制定自己专属的收支和理财计划。

完美的男人

碧　水

那天的统计课讲的是"可能性"。教授说，当我们发现一个人或一件事有 A 或 B 的可能性时，概率比同时有 A 和 B 的可能性要大。然后他举了一个例子："现在我们来做一个试验。题目是，什么样的男子是最完美的。换句话说你们最想嫁给什么样的男子。来看看在多少男子里可以发现一个这样的人。"

课堂气氛立刻活跃起来，所有的女生都很兴奋："他要富有。"

"一年至少挣 10 万。""大概在 30 个男子里会有这么一个人……"

同学们如是说。

教授用力在黑板上写下了 1/30。"要英俊。"一个矮胖的女生说。另一个跟上来说："50 个里面能找出一个来吧。"

教授微笑着说："五十分之一？能不能宽容些，二十分之一？"

说着他又写下 1/20。大家接着说了以下几条:幽默,性感,浪漫,成功,健康。分别对应的数字是：1/20，1/40，1/30，1/30，1/1。

坐在我旁边的杰轻轻哼了一声。

后排传来一个声音："忠诚！"女生们笑了一阵，终于确定对应的数字是 1/60。

杰对我说："她们疯了，把男人贬低得那么厉害，却不知道自己是怎么回事！"

教授在黑板上写下以下算式：$1/30 \times 1/20 \times 1/20 \times 1/40 \times 1/30 \times 1/30 \times 1/60$，结果为 1/25920000000。

"找这样一个男人比中彩票还难！"教授微笑着说，"问题是，当你有幸碰见这样的一个男人时，他愿意找你的可能性是多大呢？"

教室里先是一阵安静，然后响起了笑声。

数字的"妙用"

李　文

美国约翰·霍普金斯大学开始接收女学生时，一个不赞成异性同校的记者做了一个惊人的报道：约翰·霍普金斯大学 1/3 的女学生嫁给了该校教师。一时舆论哗然。后来，另一位记者到该校摸清了真相：

该校总共有 3 名女生，其中 1 人嫁给了老师。

在美国与西班牙交战期间，美国海军的死亡率是 9‰，而同时期纽约市居民的死亡率是 16‰。后来海军征兵人员就用这些数据来证明参军更安全。数据的确不虚，但问题在于，这两组对象是不可比的。

海军主要由那些体格健壮的年轻人组成，而城市居民包括了婴儿、老人、病人，他们无论在哪儿死亡率都比较高。这些数据根本不能证明这一点：符合参军标准的人在海军比在其他地方有更高的存活机会。

　　美国政府要求商家在制作兔肉三明治时，兔肉所占的比例不得低于50%，而当人们询问一街头小贩的兔肉三明治卖的价钱为何如此便宜时，他答道："我当然得掺一些马肉，但我的比例依旧控制在一比一：一匹马，一只兔子。"

　　美国《读者文摘》曾聘请一些实验人员对不同品牌香烟的烟雾展开分析，在准确的数据支持下，该杂志声明：所有品牌的香烟烟雾中，尼古丁以及其他有害物质的含量都是一样的，无论你吸的是什么牌子的香烟，都不会有什么差异。但"老黄金"的老板却从中发现玄机：

　　在一长串具有相同有害物质的品牌名单上，总有一个排在最后，这就是"老黄金"牌香烟。于是，大幅广告以最大的字体刊登在报纸上。

　　广告的标题和正文仅仅提到，由一家国家级杂志主持的实验证明，"老黄金"牌香烟在不良物质以及尼古丁含量方面"排名最后"，任何关于各个品牌的差异并不显著的文字甚至暗示都被省略了。就这样，老黄金香烟公司利用一些毫无价值的统计数据，大赚了一笔。

编后记

　　科技是国家强盛之基，创新是民族进步之魂。科技创新、科学普及是实现创新发展的两翼，科学普及需要放在与科技创新同等重要的位置。

　　作为出版者，我们一直思索有什么优质的科普作品奉献给读者朋友。偶然间，我们发现《读者》杂志创刊以来刊登了大量人文科普类文章，且文章历经读者的检验，质优耐读，历久弥新。于是，甘肃科学技术出版社作为读者出版集团旗下的专业出版社，与读者杂志社携手，策划编选了"《读者》人文科普文库·悦读科学系列"科普作品。

　　这套丛书分门别类，精心遴选了天文学、物理学、基础医学、环境生物学、经济学、管理学、心理学等方面的优秀科普文章，题材全面，角度广泛。每册围绕一个主题，将科学知识通过一个个故事、一个个话题来表达，兼具科学精神与人文理念。多角度、多维度讲述或与我们生活密切相关的学科内容，或令人脑洞大开的科学知识。力求为读者呈上一份通俗易懂又品位高雅的精神食粮。

　　我们在编选的过程中做了大量细致的工作，但即便如此，仍有部分作者未能联系到，敬请这些作者见到图书后尽快与我们联系。我们的联系方式为：甘肃科学技术出版社（甘肃省兰州市城关区曹家巷 1 号甘肃新闻出版大厦，联系电话：0931-2131576）。

　　丛书在选稿和编辑的过程中反复讨论，几经议稿，精心打磨，但难免还存在一些纰漏和不足，欢迎读者朋友批评指正，以期使这套丛书杜绝谬误，不断推陈出新，给予读者更多的收获。

丛书编辑组

2021 年 7 月